수학이
보이는

에셔의
판화 여행

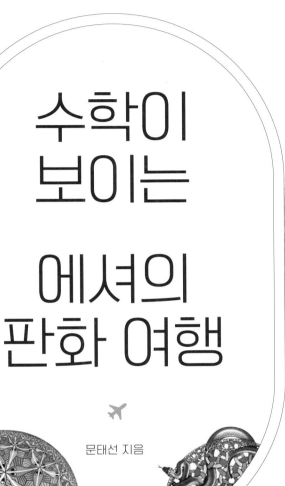

수학이
보이는

에셔의
판화 여행

문태선 지음

궁리
KungRee

10년을 손꼽아 기다리던 여행이었습니다. 테셀레이션으로 알게 된 에셔라는 판화가를 만나기 위해 참 오랜 시간 준비를 해왔으니까요. 그의 테셀레이션 작품을 분석하고 따라 그려보는 일에서부터 시작해 17종류의 벽지군과 7종류의 띠군을 연구하고 만들어내던 일, 태국과 말레이시아, 브루나이를 돌며 각 문화권에서 발견되는 여러 종류의 문양을 분류하고 분석하는 일까지. 저에게는 그 모든 시간이 에셔의 작품을 더 깊이 이해하기 위한 과정이었습니다. 그리고 그 하나하나의 과정은 모두 아이들과의 수업으로 재탄생했습니다. 에셔처럼 자신만의 테셀레이션 작품을 만들어보기도 하고, 그의 작품을 분석해 벽화로도 그려보면서 말이죠. 에셔가 즐겨 그린 불가능한 도형들을 연구하고 그려보는 일 또한 흥미로웠습니다. 저와 아이들은 그렇게 에셔를 만났고 가까워졌습니다.

오랜 기다림 때문인지 책을 쓰는 내내 설레고 행복했습니다. 무엇보다 이탈리아에 도착해 처음 에셔를 만난 그 순간의 짜릿함은 아직도 잊을 수가 없습니다. 그 후로도 스위스와 벨기에를 거쳐 네덜란드까지 길고 긴 기차 여행을 함께 한 일도, 네덜란드에서 보냈던 하루하루의 일상도 저에게는 꿈같은 시간이었습니다.

물론 제가 했던 그 경험이 현실에서는 가능하지 않습니다. 그는 이미 세상을 떠나고 없으니까요. 그러나 그 경험이 가능하도록 도와준 수많은 자료가 있었습니다. 그가 남긴 다수의 작품과 메모들, 책과 강의록, 작업을 하던 모습과 인터뷰 영상, 그리고 아들 조지가 들려준 아버지의 이야기까지. 그에 관한 자료를 수집하고 정리하다 보니 과거의 한때를 살다간 그가 정말로 다시 살아 돌아온 것 같았습니다. 그리고 제 옆에 앉아 제가 묻는 말들에 친절히 답을 해주는 것도 같았습니다. 그렇게 저는 에셔와 함께 했고, 그의 삶과 작품에 대해 이야기했습니다. 에셔를 만나는 동안 저는 벅찬 행복감에 도취되었던 것 같습니다.

짐작하셨겠지만 이 여행의 주인공 마르코는 바로 저의 다른 모습입니다. 호기심도 장난기도 많은 엉뚱한 수학 여행자. 저는 마르코를 통해 에셔라는 인물을, 그의 인생과 작품을, 남들이 알지 못하는 그의 깊은 고독을 이야기하고 싶었습니다. 그러나 한편으로는 모든 말을 에셔의 입을 빌려서 해야 했기 때문에 한마디 한마디가 무척이나 조심스러웠습니다. 그래서 최대한 자료와 사실에 근거한 대화를 써내려가기 위해 노력했습니다. 그러나 이 여행은 현실에서는 불가능하기 때문에 어쩔 수 없이 작가의 상상력이 더해질 수밖에 없었습니다. 그런 이유로 사실관계를 밝히지 못하는 부분이 있을 수 있음을 미리 양해 바랍니다.

그럼에도 불구하고 저는 이 책이 에셔라는 판화가에게 관심이 있거나 그에 관해 어렴풋한 정보만을 가지고 있는 분들에게 도움이 될 거라 감히 기대해봅니다. 제가 그랬던 것처럼 이 책을 읽는 독자분들도 에셔의 비밀스러운 정원 속에 잠시 머물렀다 오는 경험을 하실 수 있을 테니까요. 기왕이면 그 비밀 정원의 한켠에 에셔가 좋아했던 바흐의 〈골드베르크 변주곡〉을 배경음악으로 틀어놓고 다녀오시길 추천드립니다.

Enjoy your journey with M. C. Escher.

2022년 어느 날
문태선 드림

✈ **여행 일정표**
Itinerary

| 여행 3일차 | 판화가의 길을 가다

| 여행 4일차 | 에셔 스타일 테셀레이션 탐험

· 에셔의 고향 네덜란드 ·

· 판화 작품에 영감을 준 에셔의 이탈리아 여행지 ·

에셔의 작품 중에는 정확히 어느 장소를 그렸는지 모르는 작품들이 여러 점 남아 있다.

서울/인천 공항(ICN) ✈ 이탈리아/로마 피우미치노 공항(FCO)

쿵!

비행기의 육중한 몸체가 로마 공항 활주로에 닿으며 쿨렁거린다. 고개를 젖히고 단잠을 자던 마르코는 거친 진동과 굉음에 놀라 황급히 잠에서 깨어난다. 그러고는 뻐근한 목을 주무르며 깜빡 잠이 들었다는 사실을 깨닫는다.

'아… 시차에 적응하려면 잠을 자지 말았어야 했는데…'

'내가 분명 목베개를 가방에 넣어놨는데 어디로 간 거지?'

이번에는 치밀하게 준비해서 다녀오자고 마음먹은 여행이었다. 출발하면서부터 손목시계를 로마의 시간에 맞춰놓았고, 12시간의 비행과 8시간의 시차를 계산해 몸의 시간도 로마 시간에 맞추려 노력했다.

그런데 결국 잠이 들고야 만 것이다. 로마는 이제 해가 저물어가고 있는데…

캐리어를 끌고 출국 게이트로 나온 마르코가 에셔 선생님을 찾는다.

'어디에 계신 거지?' 한참을 두리번거리고 주변을 둘러보지만 사진에서 보았던 것과 같은 모습의 사람은 어디에도 없어 보인다. 게이트 밖 의자에 털썩 주저앉는 마르코. 일단 가만히 에서 선생님을 기다려보기로 한다. 마르코는 공항을 떠나 어디론가 사라지는 사람들의 모습을 하염없이 바라본다. 인파 속에서 마중 나온 사람과 반갑게 인사하는 사람들만 유독 눈에 들어온다.

'선생님은 왜 안 오시는 걸까?'

마르코는 어디로 가야 할지, 무엇을 해야 할지 알 수 없는 지금의 상황과 낯선 곳에 버려진 듯한 이 느낌이 무섭기도 하고 외롭기도 하다.

그렇게 한 시간쯤 지났을까? 저기 멀리서 키가 큰 할아버지 한 분이 경중거리는 걸음걸이로 뛰듯이 걸어온다. 머리 빗는 것을 잊었는지 흰머리가 부스스하게 엉클어져 있고 뒷머리는 새집을 지은 것처럼 붕 떠 있다.

이 사람 저 사람에게 기웃거리며 무언가를 묻더니 어느덧 홀로 남겨진 마르코에게 가까이 다가온 할아버지.

E 혹시 네가 마르코냐?

M 에셔 선생님?

E 아이구~ 늦어서 미안하구나. 내가 작업실에서 너에게 보여줄 판화들을 정리하고 있었거든. 그런데 갑자기 엉뚱한 생각이 떠오르는 바람에 그만 시간을 잊어버렸지 뭐냐.

M 저는 선생님이 제가 오는 걸 까먹으신 줄 알았어요. 혹시 안 나

타나시면 어쩌나 하고 얼마나 걱정했는지 몰라요.

E   정말 미안하게 되었구나. 앞으로는 네가 있다는 걸 꼭 기억하고
    다니마. 혹시 내가 뭔가를 골똘히 생각하는 것처럼 보이면 내 손
    을 붙잡도록 해라.

M   네. 알았어요.
    선생님은 뭔가 생각에 빠지면 다른 건 잊어버리시나 봐요.

E   그런 경향이 좀 있지. 그러니까 날 잘 붙잡고 다녀야 해. 안 그러
    면 너를 버리고 다른 곳으로 가버릴 수도 있거든. 알았지?

M   낯선 타지에서 미아가 되면 안 되니까 잘 따라다녀야겠네요.

E   그럼 어서 가자꾸나. 너무 어두워지기 전에 도착해야 하니까.

마르코는 에서 선생님과 기차를 타고 테르미니(Termini) 역에 도착한
다. 깔끔한 로마 공항의 분위기와는 다르게 테르미니 역은 음침한 기운
이 느껴진다. 지나가는 사람들이 흘끔흘끔 쳐다보는 것 같기도 하고 누
군가 다가오는 것처럼 느껴지기도 해서 마르코는 괜히 움츠러든다.

M   선생님, 이 역에서는 왠지 조심해야 할 거 같아요.

E   여기? 치안이 불안하기로 유명한 역이지. 소매치기들도 많으니
    까 조심하고 내 옆에서 떨어지지 말거라.

M   네. 알겠어요.

마르코는 혹시라도 에서 선생님을 놓치면 어쩌나 싶어서 선생님의
옷섶을 꽉 붙잡고 걷는다. 긴 비행 때문인지 두려운 마음 때문인지 발걸

음을 내디딜 때마다 땅이 출렁이는 것만 같다. 이곳을 안전하게 빠져나가야 한다는 생각으로 가득 찬 마르코는 두 다리에 힘을 바짝 주며 걷는다. 호흡이 가빠왔고 손바닥은 땀으로 축축해졌다.

그렇게 얼마를 걸었을까? 집으로 향하는 버스가 도착했는지 에서 선생님은 마르코를 앞세워 버스에 오르게 한다. 가방을 두 팔로 끌어안고 창가에 앉은 마르코는 그제야 긴장이 풀렸는지 크게 한숨을 내쉰다.

E 그렇게까지 겁먹을 필요 없단다. 며칠 지내다 보면 익숙해질 거야.

M 그렇겠죠? 아까 테르미니 역에서는 무서워서 정신이 하나도 없었어요. 그런데 이렇게 창가에 앉아 로마의 아름다운 야경을 보니 긴장이 스르륵 풀리네요.

E 아름다운 도시지. 오죽하면 내가 고향인 네덜란드를 떠나 이곳에 정착을 했겠니.

M 하긴 로마에서는 어디를 가든 무엇을 보든 전부 역사고 문화잖아요. 아까 같은 무서운 분위기에 적응하고 나면 아마 저도 로마에 살고 싶어질 거 같아요.

E 그럴 거다. 내가 로마에 12년간 살면서 이탈리아의 이곳저곳을 여행해봤거든. 그런데 정말 가는 곳마다 새로운 예술적 영감을 주더구나.

M 선생님의 이탈리아 여행 이야기를 듣고 싶어요.

E 당연히 해줘야지. 오늘은 늦었으니 내일 천천히 하도록 하자.

집에 거의 다 왔는지 에서 선생님이 내릴 준비를 하신다. 마르코도 허겁지겁 버스에서 내려 선생님을 따라 건물로 올라간다. 무사히 도착했다는 안도감에 대충 짐을 풀고 밥을 먹는 둥 마는 둥 하던 마르코는 어느새 픽 쓰러져 잠에 빠져든다.

이탈리아
풍경화 여행

TICKET

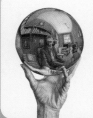

Departure   Seat

Arrival

톡… 톡… 톡…

무언가를 규칙적으로 두드리는 소리가 클래식 음악 선율과 함께 들려온다.

'꿈인가?'

시차 때문에 밤새 자다 깨다를 반복한 마르코는 아직까지 현실감각이 없다. 낯선 침대의 느낌도, 희미하게 들려오는 소리들도 모두 꿈인 것만 같다. 그런데 갑자기 들려온 꼬르륵 소리.

'이 소리는 뭐지? 설마 꿈속에서 배가 고픈 건 아니겠지?'

슬며시 눈을 뜬 마르코는 뭔가를 먹어야겠다는 생각을 하며 침대에서 몸을 일으킨다. 그러고는 낯선 느낌의 방을 둘러보며 불현듯 현실을 깨닫는다.

'아! 맞다. 여기는 로마고 지금 나는 에서 선생님 집에 있는 거였어.'

'그런데 선생님은 어디 계시는 거지?'

눈을 비비며 이리저리 둘러보던 마르코는 음악 소리를 따라 계단으로 올라간다. 그리고 그곳에서 눈을 감고 앉아 리듬에 맞추어 손가락으로 작업 테이블을 톡톡 두드리고 있는 에서 선생님을 발견한다.

M 어! 선생님 여기 계셨네요?

E 잘 잤니?

M 네. 아침부터 여기서 뭐 하시는 거예요?

E 추억을 회상하고 있지.

M 추억이요?

E 그래. 이 집은 내 인생에서 가장 행복했던 시간들을 떠올리게 하는 장소거든.

M 그렇군요. 이곳은 이층집인가 봐요.

E 맞아. 아래층은 우리 가족이 생활했던 곳이고, 여기는 내 작업실이었어.

— 바흐의 변주곡 —

M 선생님은 여기서 이렇게 클래식 음악을 들으면서 작업을 하셨던 거예요?

E 그랬단다.

M 멋지네요. 저는 클래식을 들으면 바로 잠이 오던데.

E 그래?

M 제 친구들도 다 그럴걸요? 클래식은 음악 시간이 아니면 들을 일이 거의 없거든요. 졸리고 따분하잖아요.
그런데 이 음악은 누가 만든 거예요?

E 바흐라는 음악가가 작곡한 거란다.

M 아~ 〈G 선상의 아리아〉의 그 바흐요?

E 그렇지. 나는 바흐의 음악 중에서도 〈골드베르크 변주곡〉 25번을 특히 좋아했어.

M 왜요? 바흐의 음악은 뭔가 다른가요?

E 글쎄다. 내가 음악을 논하는 것은 적절치 않을 수 있을 것 같긴 한데… 그냥 느낀 대로 말해보자면 바흐의 음악과 내가 하는 작업은 어딘가 모르게 닮은 것 같더구나.

M 바흐의 음악과 선생님의 판화 작업이 닮았다구요?

E (머리를 긁적이며) 그게…
내가 만들었던 판화들 중에는 같은 형태를 반복해서 평면을 규칙적으로 채우는 작품들이 많았거든. 그런데 가만 듣다 보니 바흐의 음악도 소리를 복제해서 만든 거 같아 보였어.

M 바흐의 음악을 듣다 보면 반복되는 소리가 들리나 봐요.

E 〈골드베르크 변주곡〉에서 변주가 그런 거지. 하나의 주제를 정해놓고 그 주제를 바탕으로 리듬이나 멜로디, 화성 같은 것들을 조금씩 변화시키며 연주하는 거니까.

M 미술과 음악은 전혀 다른 분야 같은데, 반복을 이용해서 작품을 만들 수 있다는 공통점이 있군요. 정말 신기하네요.

E 그런데 그건 그냥 내 생각이란다. 음악은 내 전문 분야가 아니니까 원작자의 생각은 다를 수 있지.

M 아니요, 왠지 맞을 거 같아요. 기회가 되면 바흐 선생님을 직접 만나서 물어보고 싶어요. 정말 선생님 말씀처럼 반복을 이용해서 음악을 만든 게 맞느냐고요.

E 너는 궁금한 걸 잘 못 참는 성격이구나.

M 네. 그런데 왜 하필 바흐의 음악이에요? 다른 유명한 음악가들도 많잖아요.

E 글쎄, 내 작품에 강한 영감을 주는 게 바흐의 음악이었거든. 듣고 있으면 마음속에 떠다니는 막연한 느낌과 아이디어가 구체적인 형상이 되어 나타나곤 했으니까.

M 막연한 아이디어가 구체적인 형상이 된다구요? 그렇다면 저도 공부가 잘 안될 때 바흐의 음악을 들어봐야겠네요. 그럼 풀릴 듯 안 풀리는 수학 문제들이 술술 풀릴지도 모르잖아요.

E 나도 궁금하구나. 정말로 안 풀리던 문제가 술술 풀리는지.
만약에 너도 나와 같은 경험을 하게 된다면 그건 아마 투명하면서도 논리적인 바흐의 음악 언어가 생각을 차분하게 정리하도록 도와주기 때문일 거다.

M 투명하면서도 논리적인 음악 언어라…
음악을 언어라고 표현하시는군요.

E 그럼. 언어라는 건 사람의 생각이나 느낌을 표현하고 전달하는 수단을 말하잖니. 그러니까 말이나 문자뿐만 아니라 음악이나 미술, 춤 같은 예술도 모두 언어라고 할 수 있겠지.

M 문득 저희 선생님이 수학도 언어라고 했던 말이 생각나네요. 그것도 세계 어디서나 통하는 만국공통어라고 하던데요?

E 숫자나 수학 기호는 어느 나라에서나 똑같이 쓰고 배우니까. 언어가 다르다고 해도 숫자나 수학 기호를 써서 의미를 주고받는 것은 가능할 거 같은데?

M 으~~ 숫자는 모르겠지만 수학 기호를 써가며 대화하는 건 너무

머리 아플 거 같아요.

E   그건 나도 마찬가지다.

M   어쨌든 선생님 말씀처럼 바흐의 음악 언어에 생각을 정리해주는 힘이 정말로 있는지 없는지 시험해봐야겠어요.

E   지독하게 어려운 문제를 풀게 되면 나한테도 알려주렴.

M   네. 알겠어요. 그런데 선생님 배 안 고프세요?

E   어젯밤에 밥을 거의 안 먹고 자더니만 배가 고픈 모양이구나.
     준비 다 해놨으니 함께 먹자꾸나.

M   아침 먹으면서 선생님의 행복했던 추억 이야기를 들려주시면 안 돼요?

E   허허~ 그야 어렵지 않지.

마르코는 에서 선생님과 마주 앉아 아침 식사를 한다.

― 추억이 있는 집에서 ―

M   선생님. 아까 작업실에 앉아 계실 때부터 느낀 건데, 뭔가를 많이 그리워하시는 거 같아요. 말씀하실 때 눈가가 촉촉해지셨던 거 같았거든요.

E   요 녀석. 눈치가 아주 빠르구나.

M   다른 건 몰라도 제가 눈치는 백단이죠.

E   사실 나도 이곳에 아주 오랜만에 온 거란다.

오기 전까지만 해도 괜찮겠거니 했는데, 막상 와보니 지난 세월 이 떠오르면서 무척이나 아련한 마음이 드는구나.

M 뭐가 제일 그리우세요?

E 사랑했던 내 아내 예타(Jetta)와 아들들이지.

나는 이곳 이탈리아에서 아내 예타를 만나 결혼을 했어. 첫째 아들 조지(George)와 둘째 아들 아서(Arthur)를 낳았고 말이다.

M 아내분은 어떻게 만나셨는데요?

E 허허허~ 내 러브스토리가 궁금한 거냐?

M 당연하죠.

(턱을 두 손으로 괴고) 저, 경청할 준비가 되었습니다.

E 내가 25살 때니까 1923년이었겠구나. 그때 나는 남부 이탈리아의 라벨로(Ravello)라는 곳을 여행하고 있었어. 예타도 부모님과 함께 스위스에서 그곳으로 여행을 왔었지.

M 와! 둘 다 여행을 와서 만난 거예요? 완전 운명적인 만남인데요?

E 처음엔 그녀에게 빠져들지 않으려고 했었단다. 짝사랑이 얼마나 힘든지 알고 있었거든. 그런데 반팔을 입고 비스킷을 먹는 그녀의 모습은 정말이지 너무나 사랑스러워서 빠져들지 않을 수 없었어.

M 그래서 어떻게 되었어요?

E 예타가 스위스로 돌아간 뒤에도 1년 가까이 편지를 주고받았단다. 그리고 다음 해 6월에 우리는 결혼을 했어.

M 우와~ 영화 같은 이야기네요.

E 아름답고 행복한 시간이었단다. 사랑하는 사람과 늘 함께 할 수

있다는 건 정말 큰 축복이거든.

M 그럼 결혼하고 나서부터 이 집에 살았던 거예요?

E 아니. 결혼 초기에는 경제적인 여유가 없어서 이런 집에서는 살
수가 없었지.

M 그럼 어디에 사셨는데요?

E 첫째 아들 조지가 태어나기 전까지는 예타의 부모님과 함께 살
았단다.

M 아내분 부모님과 함께요? 아… 불편하셨겠네요.

E 그래도 하는 수 없었지. 당시에 나는 돈을 거의 벌지 못했으니까.

M 작품 활동 초기니까 그럴 수 있죠.
그럼 조지가 태어난 후에 이 집으로 이사를 오신 거예요?

E 그렇단다. 이 집으로 이사를 오면서 위층에 있는 내 작업실도 생
긴 거고. 덕분에 나는 평화롭게 작업에 몰두할 수 있게 되었지.

M 작업실이 생겨서 선생님은 좋으셨겠어요. 그런데 가족들은 그
렇지 않았을 수도 있었겠는데요? 아빠가 작업실에 콕 박혀서 안
나오면 아이들이 심심하잖아요.

E 그랬지. 그래서 시간 날 때마다 자주 놀아주려고 노력했단다.

M 어떻게요?

E 여기 이 탁자와 의자를 뒤집어놓고 그 위에 카펫과 이불을 덮어
씌우는 거야. 그러면 안에 어두침침한 터널이 만들어지거든. 그
사이를 미로처럼 탐험하는 놀이를 해주면 우리 조지와 아서가
얼마나 좋아했는지 몰라.

M 하하~ 그 놀이를 하고 나면 온 집 안이 쑥대밭이 되었겠는데요?

E 고백을 하나 하자면 사실 그 놀이는 내가 좋아서 했던 거야. 미로 같은 구조를 만들고 나서 이렇게 저렇게 구조를 변형해보고 싶었거든.

M 그 놀이도 선생님에게는 일종의 실험이나 연구였던 거네요.

E 그런 셈이지.

M 아이들은 몰랐겠죠? 아빠가 그 놀이를 더 좋아했다는 사실을요.

E 허허~ 글쎄다. 알아도 재미있지 않았을까?

M 그랬겠죠? 또 다른 놀이는 없어요?

E 일요일엔 아이들 손을 잡고 로마 시내를 구경 다니기도 했었어.

M 듣고 보니 자상한 아버지셨는데요?

E 내 나름대로 한다고 했지만 그래도 한참 부족한 아빠였지.
(침묵이 이어지다가) 오늘은 네가 나와 함께 로마 시내 구경을 해 보겠니?

M 물론 좋지요. 어서 치우고 나갈 준비를 해야겠어요.

마르코와 에셔 선생님은 간단한 간식거리를 챙겨 집을 나선다. 잔뜩 신이 난 마르코는 폴짝폴짝 뛰며 로마의 오래된 골목길을 누빈다.

— 길 위에서 발견한 것들 —

M 이렇게 화창한 날씨에 로마 시내를 걷고 있다니… 믿기지가 않아요. 사실 저는 매일 수학 공부만 할 줄 알았거든요. 선생님 작

품 속에 수학 요소가 많다는 얘길 워낙 많이 들어서요.

E 수학 공부? 내가 제일 싫어하고 어려워하는 일이구나.

M 수학 공부가 싫으셨다구요? 그런데 어떻게 수학이 들어 있는 작품을 만드실 수 있었던 거예요?

E 처음에는 그게 수학인 줄도 모르고 그렸어. 나중에 내 작품을 본 수학자들이 말해줘서 알았지. 내 판화들 속에 수학이 있다는 사실을 말이야.

M 수학인 줄도 모르고 그걸 판화에 넣으셨다구요?

E 그렇다니까.

M 어떻게 모르는 상태에서 수학이 담긴 판화를 만들 수가 있죠? 수학을 잘 아는 상태에서 일부러 넣으려고 해도 힘들 텐데 말이에요.

로마의 오래된 골목길

E 나도 그게 이상하더구나. 나는 한 번도 내 작품 속에 수학적인 요소를 넣으려고 한 적이 없거든.

M 와~~ 어떻게 그런 일이 가능한지 연구를 한번 해봐야 할 것 같은데요?

E 그 연구는 내일부터 해보자꾸나. 네가 나를 찾아온 목적이 판화를 보기 위한 게 아니냐. 판화를 보면서 이런저런 얘기를 하다 보면 어쩔 수 없이 수학 얘기도 나오지 않겠니?

M 저는 좋아요. 오늘이 아니라 내일부터 시작한다고 하셔서 더 좋네요. 히히~

E 대신 오늘처럼 하루 한 번 산책은 다녀오자. 내가 판화 작업을 할 때도 여행이나 산책은 영감을 받는 데 아주 중요한 일이었거든.

M 아싸! 신난다!

E 허허~ 녀석.

M 그런데 선생님은 산책하실 때 주로 어디에 가서 무엇을 보세요? 산책하며 영감을 받으신다고 하니까 왠지 남다른 장소를 찾아갈 거 같아요.

E 네가 맞혀보겠니? 내가 어디로 갈 거 같은지 말이다.

M 글쎄요. 로마의 역사나 문화가 담겨 있는 특별한 유적지에 가지 않을까요? 유적지를 돌면서 상상력을 발휘하다 보면 그 안에 담겨 있는 수많은 이야기가 진짜처럼 살아나면서 어떤 영감을 줄 거 같거든요.

E 흠… 그것도 나쁘지 않구나.
그런데 이를 어쩌지? 내 눈에 보였던 건 그런 게 아닌데.

M 그럼 어디서 뭘 보시는데요?

E (건물 꼭대기에 삐죽 난 풀을 가리키며) 저기 저 잡초들 보이니? 그리고 저기 비비 꼬아가며 올라가는 나무나 동물 얼굴 조각 같은 것들 말이야. 천천히 변해가는 하늘이나 구름의 모양 같은 것들도 가만히 바라보거라. 그러면 그 속에서 아주 매력적인 것들을 찾을 수 있을 거다.

M (잠시 멈춰서서 할 말을 잃고) 아…
이렇게 멋진 도시를 돌아다니면서 잡초나 구름 같은 걸 보신다구요? 그런 건 어디서나 볼 수 있잖아요.

E 내가 10년 넘게 로마에 살았지만 르네상스나 바로크식 건물 같은 것들이 나에게 감동을 주진 않더구나. 폼페이(Pompei)에도 간 적이 있었는데 그곳에서는 어떤 작품도 만들지 못하고 돌아왔거든.

동물의 얼굴 조각

로마 시내 풍경

M 왜요?

E 글쎄… 왜인지는 잘 모르겠구나.

M 이해가 잘 안 되네요. 로마의 유적지를 보겠다며 매년 천만 명에 가까운 사람들이 이곳으로 몰려오는데 선생님은 그런 것에 별 관심이 없으셨다니요.

E 관심이 전혀 없는 것은 아니었어. 이 도시의 야경은 꽤나 인상적이거든. 희미한 가로등에 비친 로마의 건축물들은 무척이나 사랑스럽지. 그리고 무어인(Moorish)들의 영향을 받은 롤빵 모양의 지붕 같은 것들은 로마의 야경과 함께 내 작품에도 자주 등장하는 소재란다.

M 무어인들요?

E 너에겐 낯선 표현이겠구나.

에서 작품에 영향을 주었던 로마의 야경과 건축물

M 처음 들어봤어요.

E 오래전에 북아프리카와 스페인에 자리를 잡았던 이슬람계 사람들을 말한단다. 아랍의 후손들이라고 할 수 있지.

M 아… 그렇군요. 하여간 선생님의 시각은 좀 독특한 거 같아요.

E 내 시각이 그렇게 독특한가?

M 네. 낮의 로마에는 별 관심이 없으면서 밤의 로마는 좋아하시고. 또, 이렇게 멋진 도시를 돌아다니면서 잡초나 나무나 구름 같은 것들만 유심히 보시잖아요.

E 사실은 그런 이유 때문에 내가 매해 여행을 떠났던 거란다. 내 관심을 끌었던 건 로마의 오래된 역사나 건축이 아니라 남부 이탈리아의 풍경이었거든.

M 선생님은 여행을 많이 하셨어요?

E 어려서부터 가족들과 종종 다른 나라로 여행을 다녔지.

대학 때는 프랑스와 이탈리아를 다녀왔고, 대학을 졸업하던 1922
년에는 친구와 함께 이탈리아 중부와 스페인을 여행했어. 그해
겨울과 다음 해 봄에는 시에나와 라벨로에 머물렀고 말이다.

M 라벨로에 머물면서 아내분을 만나신 거구요?

E 그렇지. 시에나에서는 내 첫 번째 풍경 목판화를 만들어보기도
했었어.

M 시에나와 라벨로는 선생님에게 무척이나 특별한 장소겠어요.
첫 번째 풍경 목판화도 만들고 아내분도 만났으니까요.

E 참 의미 있는 장소지.

결혼한 후에도 나는 매해 봄에 도보 여행을 떠났어. 1927년부터
시작해서 이탈리아를 떠나기 전까지 무려 9년간이나 말이다. 이
탈리아의 4월은 정말 눈부시게 아름답거든.

M 와~ 매년 가장 아름다운 계절에 이탈리아 여행을 하셨다니…
정말 부럽네요.
그럼 그렇게 여행을 하면서 그림을 그리셨던 거예요?

E 여행을 하다가 마음에 드는 풍경이 있으면 앉아서 스케치를 하
곤 했지. 때로는 사진으로 찍은 다음 그리기도 하고 말이다.

M 그렇게 한번 여행을 떠나면 얼마나 오래 있다가 돌아오시는 거
예요?

E 보통 두 달 정도가 걸린단다. 고생을 하도 많이 해서 집에 돌아갈 즈음엔 바싹 마르고 피곤한 상태가 되지. 그래도 수백 점의 드로잉을 가지고 돌아올 수 있으니 그만한 고생은 감내해야겠지?

M 저는 편하고 멋진 여행을 상상했는데 그런 여행은 아니었군요. 하긴 선생님이 여행을 다니던 때가 거의 100년 전이니까 지금하고는 여행의 환경 자체가 달랐겠어요.

E 다르고말고. 그리고 여행을 하다 보면 예측하기 어려운 난감한 일들이 수시로 터지지 않니. 매일 반복되는 편안한 일상과는 아주 다르지. 낯선 장소에 가서 언덕을 넘고 마을과 마을을 전전하는 것이 그리 유쾌한 경험은 아니거든. 지저분한 침대와 벌레, 질 나쁜 음식 같은 것들도 견뎌야 할 때가 많고 말이다.

M 그런 걸 다 아시면서도 떠나는 거잖아요. 예술적 영감을 얻으려구요.

E 그렇지. 하지만 그런 것도 다 여행의 일부니까 되도록 즐겁게 받아들여야 하지 않겠니?

M 크~ 긍정의 마인드.

E 하지만 아무리 좋게 생각하려 해도 받아들이기 어려운 황당한 경험들이 있기는 해.

M 어떤 경험이요?

E 이를테면 여행 중에 스파이로 의심을 받아 경찰서에 투옥되는 경험 같은 거 말이다.

M 스파이요? 말도 안 돼.

E 내가 한창 여행을 다니던 시기에 이탈리아는 무솔리니 정권 아래 있었거든. 세력이 이미 커질 대로 커져 있던 상태였어. 그러니 상상해봐라. 정치적으로 불안한 그 시국에 낯선 사람이 지저분한 행색으로 수상한 등짐을 메고서 여기저기 돌아다니면 의심스러운 마음이 들지 않겠니?

M 그래서 어떻게 되셨어요?

E 하루 이틀 구금되었다가 풀려나곤 했지.

M 그나마 다행이네요.

E 그런데 애써 그린 내 스케치들을 압수당할 때도 있었거든.

M 아니, 왜요?

E 글쎄다. 그들이 보기에 그려서는 안 되는 뭔가가 있었나 보지. 그런 어두운 시절이 있었단다. 내 그림은 기껏해야 풍경이나 사물을 그린 정도였는데 말이다. 얼마나 화가 나던지 그때의 일은 시간이 아무리 많이 지나도 분이 가라앉질 않던걸.

M 충분히 화가 나실 상황이네요. 그런데 선생님, 아까부터 궁금한 게 있는데요.

E 아까부터? 뭐가 그리 궁금했을까?

M 아침 먹으면서 하신 말씀 중에 경제적으로 어려웠다는 얘기가 맴돌아서요.

E 아~ 하하. 형편이 어려운데 어떻게 그렇게 자주 여행을 다닐 수 있었는지 궁금한가 보구나.

M 네. 아무리 아껴도 여행을 가려면 최소 경비라는 게 있잖아요. 숙박비나 식비, 교통비 같은 것들요.

E (난감한 듯 눈썹을 긁으며) 그렇지.

여행도 여행이지만 그걸로 작품을 만들고, 가족들과 생활까지
하려면 돈이 많이 필요했지. 그래서 작게나마 전시회를 열기도
하고, 일러스트 집도 한두 권 출판했었어. 그런데 그게 기대만큼
잘 팔리지가 않더구나.

M 그래서요?

E 어쩔 수 없이 부모님으로부터 도움을 받았지. 아버지는 거의 매
달 생활비를 보내주셨거든.

M 결혼한 후에는 부모님께 의지하기가 어려우셨을 텐데… 마음이
불편하셨겠어요.

E 그랬지. 그럴수록 더 열심히 판화를 만들었어. 그분들이 없었다
면 아마 나는 작품 활동을 계속하지 못했을 거야. 내가 작품을
팔아 생활에 도움을 줄 수 있었던 건 그로부터 한 30년쯤 후였
거든.

M 오랫동안 선생님을 믿고 지원해주신 분들이 있었다는 게 정말
다행이네요.

E 나도 늘 감사한 마음이란다.

다리가 슬슬 아프기 시작하는데 이제 집으로 돌아갈까?

M 네. 어서 가요~

마르코는 집으로 돌아와 선생님의 초기 풍경화 작품들을 구경한
다. 아말피 해안의 아트라니(Atrani)와 라벨로(Ravello)의 풍경, 아브루치
에 위치한 카스트로발바(Castrovalva)의 가파른 산과 구름들, 칼라브리아

(Calabria)의 깎아지른 듯한 절벽과 건물들, 몬테첼리오(Montecelio)의 언덕에 자리 잡은 중세풍 마을, 그리고 어둠 속에서 빛을 머금은 로마의 야경까지. 흑백의 잉크만으로 찍어냈을 뿐인데도 이탈리아의 아름다운 풍경들은 빛을 발하며 생생하게 살아 움직이는 것 같다.

　여행의 첫날. 선생님과 함께 한 로마 산책과 여러 지역의 풍경화들은 마르코의 마음을 한결 가볍고 기분 좋게 만들어주었다.

에셔의 작품에 영향을 준 이탈리아의 풍경

〈카스트로발바〉(Castrovalva, 1930)

· 여행 2일차 ·

차원을 넘나드는
놀이의 시작

TICKET

	Departure	Seat
	Arrival	

선선한 바람이 마르코의 볼살을 스치며 지나간다. 따뜻하고 환한 기운이 방 안 깊숙이 들어와 질끈 감고 있는 눈을 자극한다. 촉촉하고 상쾌한 아침 공기를 한껏 들이마시며 늘어지게 기지개를 켜는 마르코.

'아~ 조금만 더 자면 좋겠다. 어디 멀리 가는 것도 아닌데.'

위층에서는 오늘도 탁자를 두드리는 소리가 바흐의 음악을 타고 들려온다.

'오늘도 추억에 젖어 계시나 본데… 아침은 내가 준비해볼까? 선생님이 그 시간을 조금 더 즐길 수 있게 말이야.'

마르코는 이런 생각을 해낸 자신이 너무 기특하다고 생각하며 살금살금 움직이기 시작한다.

E 아침 식사를 준비하는 거냐?

M 어! 언제 내려오셨어요?
   선생님 방해 안 하려고 조용조용 준비하고 있었는데.

E 맛있는 냄새가 위층까지 진동을 해서 가만히 앉아 있을 수가 있어야지.

M 제가 할 수 있는 음식이 별로 없어서 간단하게 준비했어요.
   구운 식빵과 치즈, 계란후라이와 샐러드, 거기에 우유 한 잔. 끝!

E 아주 훌륭한 만찬이구나.

M 이거 먹고 오늘도 아침 산책 해요.

E 그럼~ 그래야지.

M 그런데 오늘부터는 작업실에서 선생님 판화 작품을 보여주신다고 하셨잖아요. 오늘은 어떤 작품을 볼 거예요?

E 어제는 내 풍경화들을 봤으니까 오늘부터는 슬슬 내가 시작한 장난을 구경해야겠지?

M 판화에 장난치셨어요?

E 허허허~ 그랬지.

M 하긴 어제 풍경화를 보면서 조금은 평범하다고 생각했어요. 선생님 작품들에는 뭔가 판타스틱한 게 있다고 들었거든요.

E 일단 오늘은 맛보기로 조금만 보여주마.

M 왜요? 많이 보여주시지.

E 그게 말이다, 내가 여기 로마에 살면서 만든 작품이 꽤 많긴 하거든. 목판화와 목판조각을 70개 정도 만들었고, 석판화도 40개 정도 그렸으니까.

M 그런데요?

E 사실 그때 그렸던 것들은 그렇게 큰 가치가 없는 것 같더구나. 나중에 만든 작품들의 연습 정도였으니까.

M 그럼 잘 알려진 선생님 작품들은 여기서 만들어진 게 아닌가 봐요?

E 대부분 벨기에와 네덜란드에 살 때 만들어졌지. 그렇지만 로마에서의 습작들이 없었다면 그런 작품들은 나오지

로마의 거리

못했을 거다.

M   당연하죠. 뭐든 기초를 쌓고 연습을 하는 과정은 필요한 법이잖아요.

E   녀석~ 제법이구나.

M   제가 어려 보여도 알 건 다 아는 나이거든요.

E   허허~ 알았다. 어리다고 무시하지 않으마.

    마르코와 에서 선생님은 오늘도 아침 산책에 나선다. 마르코는 테베레 강을 따라 걸으며 구름을 닮은 소나무들을 보는 것만으로도 마음이 맑아지는 것 같다고 생각한다.

― 손으로 만드는 즐거움 ―

M 선생님. 제가 아침에 일어나서 보니까 집이 사방으로 트여 있더라구요. 바람과 햇볕이 어찌나 잘 들어오는지 일어날 때부터 기분이 좋아지던데요?

E 창밖 풍경도 봤니?

M 그럼요. 로마 시내가 좌~~악 펼쳐져 보였어요.

E 조금 외곽지역이라 다니기가 불편해서 그렇지 전망은 아주 좋은 집이었단다.

어느 날인가 아들 조지가 친구를 데려온 적이 있는데, 우리 집을 보고 '네 개의 바람이 있는 집'이라고 했다는구나.

M 네 개의 바람이 있는 집이라… 멋진 이름이네요.

E 내 마음에도 쏙 들더구나.

M 그런 아름다운 집 꼭대기에 작업실이 있으니 얼마나 좋으셨을까요?

(선생님이 작업하는 모습을 상상하다가) 그런데 선생님은 어떻게 판화가가 되신 거예요?

E 나 말이냐?

(머리를 긁적이며) 내가 어떻게 판화가가 되었더라?

M 너무 오래돼서 기억이 잘 안 나시나 봐요.

E 가만… 나는 어릴 적에 공부를 엄청 못했었거든.

M 정말요?

E 그래. 학교에 가는 날들이 정말 악몽 같았지.

M 저도 가끔 학교 가는 게 싫긴 하지만 그 정도는 아닌데…
그런 면에서는 제가 선생님보다 조금 더 나은 거 같은데요?

E 학교는 즐거워야 하지. 그런데 나는 어릴 때 몸이 약하고 자주
아파서 학교에 적응하는 게 어려웠단다. 그러다 보니 두 번이나
유급될 정도로 성적이 형편없었어.

M 하긴 몸이 튼튼해야 공부도 하죠.

E 아무튼 난 공부에는 영 소질이 없는 학생이었어.

M 그럼 학교 수업이 엄청 지루하셨을 텐데 어떻게 견디셨어요?

E 뭐~ 개중에 즐거운 수업도 있기는 했으니까.

M 선생님한테 즐거운 시간이라면… 혹시 미술 시간?

E 그렇단다. 일주일에 두 번 있는 미술 시간이 나에겐 유일한 기쁨
이었지.

M 미술에 타고난 소질이 있으셨나 봐요.

E 글쎄다. 나는 잘 모르겠는데 선생님들이 나를 보고 손재주가 있
다고 생각했던 모양이다. 아른험(Arnhem)에서 중학교를 다닐 때
미술을 가르치던 하헌(F. W. van der Haagen) 선생님이 판화를 가
르쳐주셨거든.

M 아~ 그때부터 판화와의 인연이 시작되었군요.

E 그런데 그렇게 뛰어나게 잘하지는 않았어.

M 에이~ 겸손의 말씀. 그건 선생님 생각 아니에요?

E 그런가? 하긴 하를럼(Haarlem)에 있는 건축대학에 들어갔을 때,
내 중학생 시절의 작품을 본 메스퀴타(Samuel Jessurun de Mesquita)
교수가 나에게 건축 말고 그래픽아트를 전공해보는 게 어떻겠

냐고 물어보긴 했었지.

M 거봐요. 십 대 때부터 재능이 있었던 거잖아요.
   그래서 전공을 바꾸셨어요?

E 그게 참… 나는 그러고 싶었는데 혼자 결정할 수 있는 일이 아니
   었단다. 부모님께 여쭤봐야 했거든. 건축학교도 부모님 권유로
   들어간 거였으니까.

M 부모님은 왜 건축학교를 가라고 하셨을까요?

E 아버지는 수력 공학 엔지니어였거든. 엔지니어다운 예리한 관찰
   력으로 나를 지켜보신 결과 손으로 하는 일이 어울리겠다고 생
   각하신 모양이야. 잘하는 거라고는 그림 그리기밖에 없었으니까.

M 손으로 할 수 있는 일은 엄청 많잖아요. 제 생각엔 아버님 직업
   이 엔지니어라서 비슷한 계열의 건축을 추천하신 거 같은데요?

E 그랬을지도 모르겠구나.

M 아무튼! 그래서 전공을 바꾸셨어요, 못 바꾸셨어요?

E 마지못해 허락을 해주셨단다.

M 어휴… 다행이네요. 계속 건축을 공부했다면 판화가 에서 선생
   님은 없었을 거 아니에요.

E 나에겐 잘된 일이었지. 그때부터 목판화를 아주 재미있게 배웠
   으니까.

M 잠깐만요! 재능 있는 학생이 적성에 맞는 일을 찾아 재미있게
   배웠다면, 혹시 대학을 수석으로 졸업하신 거 아니에요?

E 수석이라니. 졸업할 때 교수들은 내 작품을 두고 너무 차갑고 지
   적이어서 예술적이지 못하다고 그랬는걸.

M 어이쿠~ 그분들은 정말 작품 보는 눈이 없으셨네요.

E 교수들은 예술이 어떻게 변해가는지 별 관심이 없으니까. 하긴 나 역시 예술 사조의 변화나 교수들의 관점에 내 작품을 맞추고 싶지는 않아 했지.

M 선생님 고집도 만만치 않은 거 같은데요?
그런데 대학을 졸업하셨던 그 시기에 예술의 방향이 변하고 있었어요?

E 그랬었지. 1차 세계대전을 겪은 직후였으니까. 삶과 죽음의 의미, 도덕적 가치에 대한 사람들의 생각이 과거와는 많이 달라질 수밖에 없었거든.

M 큰 전쟁을 치렀으니 당연히 변할 수밖에요.

E 그래서 예술도 기존의 질서나 가치, 형식을 부정하는 방향으로 흘러갔어. 그런 예술 사조를 다다이즘(Dadaism)이라고 부른다는 거 같은데?

M 다다이즘이요?

E 그래. 기존의 전통이나 미에 대한 기준을 거부하겠다는 일종의 예술운동이었지.

M 그렇다면 그 시기에는 우리가 보통 아름답다고 느끼는 그림들과는 조금 다른 그림이 유행했겠네요. 짜깁기해서 붙여놓은 것 같은 피카소의 입체주의 그림이나 도대체 뭘 그린 건지 알기 어려운 칸딘스키의 추상화 같은 거 말이죠.

E 녀석~ 미술의 흐름을 나보다 더 잘 아는 거 같은데?

M 제가 공부를 조금 해서 왔거든요.

E 그래, 맞다. 피카소의 입체주의는 콜라주(collage)라는 형태의 기법으로 다시 나타났단다. 그런 그림들이 나중에 초현실주의라는 또 다른 흐름이 되었지. 대표적인 화가가 바로 네가 방금 전에 말한 칸딘스키고.

M 그런데 선생님은 그런 흐름과는 무관하게 작품 활동을 하신 거잖아요. 판화라는 영역에서 다양한 그림을 그리셨으니까요.

E 사실 나는 예술 사조의 변화에 별 관심이 없었어.

M 정말 대단하신 거 같아요.

E 뭐가 말이냐?

M 남들과 다른 걸 한다는 건 일종의 모험이고 실험이잖아요. 성공할지 실패할지 알 수 없는 상황에서 도전하는 거니까요. 그런 상황에서라면 주변 사람들도 알아주지 않았을 텐데… 도대체 얼마나 큰 용기와 인내가 있어야 내가 하고 싶은 일을 주변 눈치보지 않고 할 수 있는 걸까요?

E 그렇게 큰 용기를 갖고 시작한 일은 아니었단다.
난 그저 판화가 재미있어서 했던 거니까.

M 그래도 때때로 외롭고 힘들지 않으셨어요?

E 외로울 때도 많았지. 하지만 나는 주변 사람들의 생각이나 시선 때문에 내 마음이 시키는 일을 접을 수는 없었단다. 그래서 결심한 거야. 졸업을 한 후부터는 나만의 길을 가겠다고 말이야.

M 그런 마음으로 여행을 떠나신 거군요.

E 그렇지. 졸업을 하고 떠난 1922년 여행은 여러모로 나에게 큰 의미가 있었어.

M 어떤 의미가 있었는데요?

E 그 얘기는 작업실에서 판화를 보면서 하는 게 좋을 거 같구나.

M 어! 벌써 시간이 이렇게 되었네요.

　　아침 산책을 하고 나니 점심시간이 되어가는데요?

E 들어가서 좀 쉬었다가 재미있는 놀이를 시작하자꾸나.

M 오호~ 선생님의 놀이에 동참한다니 무척 기대가 됩니다.

E 허허허~

　　마르코와 에셔 선생님은 점심을 먹고 낮잠도 한숨 잔 다음 작업실로
올라간다.

― 장난스러운 시작 ―

M 낮잠을 자고 났더니 아주 개운하네요.

　　스페인에서는 낮잠을 시에스타(siesta)라고 하던데, 여기에도 이
름이 있나요?

E 이탈리아에서는 리포소(riposo)라고 한단다.

　　스페인과 이탈리아는 위도가 거의 같아서 날씨가 비슷하잖니.

　　그래서 두 나라 모두 뜨거운 한낮에 잠깐의 휴식을 취하는 문화
가 생긴 거란다.

M 한국에도 낮잠 자는 문화가 있으면 얼마나 좋을까요?

　　5교시를 째고 다 함께 낮잠 자는 학교. 상상만 해도 너무 행복한

데요?

E 요 녀석~ 엉뚱한 상상을 참 잘하는구나.

M 그 정도 상상력은 있어야 선생님 작품을 이해할 수 있는 거 아니에요?

E 허허허~ 네 입담에 내가 자꾸 당하는 거 같구나.

M 자~ 그럼 선생님의 놀이를 시작해 보실까요?

E 그럴까?

(작품을 뒤적이면서) 어떤 작품을 먼저 보여줘야 하나?

이 작품으로 시작을 해보자.

M 사람 머리가 도대체 몇 개인 거예요?

〈여덟 개의 머리〉(Eight Heads, 1922)

E 같은 거 말고 서로 다른 머리 개수만 한번 세어 보거라.

M 하나, 둘, 셋, 넷, 다섯, … 일곱 개인가?

아! 여덟 개네요. 흰색 남자들 얼굴 사이에 거꾸로 끼어 있는 남자 얼굴 하나를 빼먹을 뻔했어요.

E 여덟 개 맞지?

M 네, 확실해요. 남자 머리가 네 개, 여자 머리가 또 네 개.

E 그래서 이 판화의 제목이 〈여덟 개의 머리〉란다.

M 아~ 그렇군요. 왜 이 작품으로 시작하는 거예요?

E 제일 처음 만들어본 테셀레이션 판화가 바로 이거거든.

M 그러고 보니 여덟 개의 머리가 계속해서 반복되고 있네요.

E 테셀레이션이 뭔지는 알고 있니?

M 그럼요. 같은 모양을 규칙적으로 반복하면서 평면을 채우는 거잖아요. 모양이 겹쳐지거나 빈틈이 생기지 않게 하면서 말이죠.

E 그렇다면 이 판화에서는 그 '같은 모양'이란 게 어디겠니?

M 반복되는 기본 단위를 찾으라는 말씀이시죠?

(손가락으로 네모를 그리며) 이렇게가 하나의 판화에 그려지겠네요.

E 아주 잘 찾는구나.

M 제가 학교에서 배울 때는 한 가지 모양으로 채워야 한다고 배운 거 같은데, 이 작품에는 되게 여러 가지 머리 모양이 섞여 있네요. 이렇게 해도 테셀레이션이 되는 건가요?

E 사실 이건 내가 테셀레이션이 뭔지도 모르는 상태에서 그냥 만들어본 거란다. 하를럼 건축학교 학생일 때 말이다.

M 네? 이렇게 복잡한 판화를 그냥 만들었다구요?
   테셀레이션이 뭔지도 모르면서요?

E 그렇다니까. 흰색과 검은색을 경계로 해서 전혀 다른 모양이 생겨나는 게 재미있잖니. 그래서 계속하다 보니 이렇게 만들어지더구나.

M 이런 게… 재미… 있으셨군요.

E 반복되는 모양에서 경쾌한 리듬감도 느껴지지 않니?

M 듣고 보니 그런 것도 같네요.
   그런데 혹시 '이런 게 테셀레이션이다'라고 말만 안 했지 학교에서 만드는 기법을 배우신 거 아니에요?

E 아니. 목판화에 대한 건 거의 메스퀴타 선생님으로부터 배웠는데, 저런 건 가르쳐주신 적이 없단다.

M 배우지도 않고 어떻게 저런 걸 만들 수가 있어요?
   아무래도 믿기지가 않는데요?

E 꼭 배워야만 할 수 있는 건 아니지. 내가 평면 채우기에 대해 고민했던 건 아주 어릴 때부터였거든.

M 어릴 때부터 테셀레이션을 고민했다구요?

E 나는 식사 때마다 어떻게 하면 내 앞에 있는 식빵 위를 치즈와 얇은 고기 조각으로 빈틈없이 채울 수 있을까 고민했거든.

M 네? 식빵 위를 빈틈없이 채우기 위해 고민했다구요?

E 그렇다니까. 빈틈이 없으면서도 겹치지 않게 채우는 놀이는 그 때부터 시작된 거라고 볼 수 있지.

M 그럼 그건 '식빵 위 치즈 테셀레이션'이라고 이름을 붙여야 할까 요?

E 허허~ 그거 참 그럴듯한 제목이구나.

M 중요한 건 선생님의 테셀레이션 놀이가 식사 시간에 식빵 위에 서 시작되었다는 거네요. 그리고 그 치즈 조각들이 나중에 작품 속에서 새와 도마뱀과 물고기로 변신했다는 거구요.

E 저 작품에서처럼 사람의 얼굴이 되기도 하고 말이다.

M 와~~ 어린 시절의 그 작은 경험이 저런 작품으로 탄생하다니… 놀랍네요.

E 경험이 크고 작고는 중요한 게 아니야. 그 경험을 통해 무엇을 보고 느끼고 생각하느냐가 중요하지.

M 그러니까요. 식탁에 앉아 식빵을 바라보면서 테셀레이션을 생각하는 사람이 세상에 몇이나 있겠어요?

— 깊어지는 질문 —

E 한 가지 더하자면, 얼마나 오랫동안 그 생각과 고민을 이어나가느냐도 중요해. 식빵 채우기에 대한 나의 고민은 그 후로도 계속해서 이어졌거든.

M 식사 때마다 테셀레이션을 고민하셨다는 말씀이세요?

E 아니. 여행을 하면서도 일정한 규칙을 갖고 있는 평면의 모양에 관심이 많았다는 말이란다. 이 그림을 한번 보겠니?

M 패턴이네요?

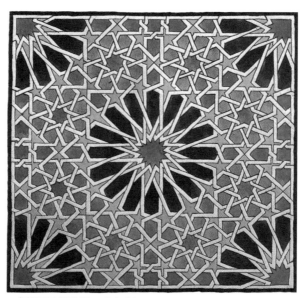

〈알람브라 궁전 벽 모자이크〉(Wall mosaic in the Alhambra, 1922)

E 알람브라 궁전 벽에 있던 모자이크를 따라 그린 거지.

M 어! 졸업하시던 해에 스페인 여행을 가셨다더니 혹시 그곳이 알람브라 궁전이었어요?

E 그렇단다. 스페인 남부의 그라나다(Granada)라는 도시에 있는 이슬람 궁전이지.

M 저도 가보지는 않았지만 인터넷에서 찾아봐서 알고 있어요. (혼잣말로) 혹시 우연의 일치인가?

E 뭐가 말이냐?

M 제가 가우디 선생님과 바르셀로나에서 건축 여행을 한 적이 있는데, 가우디 선생님도 알람브라 궁전 건축 양식에서 영향을 받으셨다고 했거든요.
하나의 건물에서 참 많은 사람들이 영감을 얻는군요.

E 너도 나중에 기회가 되면 꼭 가보거라. 정말 아름다운 곳이거든.

M 그러면 알람브라 궁전에서 저런 패턴을 보고 나서 〈여덟 개의 머리〉라는 작품을 구상하신 거예요?

E 아니. 그건 아니지. 만들어진 시기를 잘 봐라. 〈여덟 개의 머리〉는 내가 대학을 다니면서 만든 거라고 하지 않았니? 알람브라 궁전의 패턴은 졸업 여행 때 그린 거고 말이다.

M 어! 그러네요. 그럼 〈여덟 개의 머리〉에 직접적인 영감을 준 경험이나 계기는 없는 건가요? 아무리 생각해도 식빵 채우기와 〈여덟 개의 머리〉 사이에는 너무 큰 차이가 있는 거 같거든요. 시간적인 면에서나 작품의 수준 면에서도요.

E 패턴이라는 건 여러 문화권에서 다양하게 발전되어 왔지 않니.

알람브라 궁전으로의 여행이 아니더라도 나에게 영향을 준 계기는 분명 있었을 거다.

M 하긴 평면 채우기가 관심 분야였으니 어딜 가나 패턴이나 문양이 눈에 들어오셨겠죠.

E 어쩌면 스페인으로 떠났던 여행이 기억에 남는 건 강렬한 인상 때문이었을지도 모르겠구나.

M 왜 그렇게 강렬한 기억으로 남았을까요?

E 사실 나는 그곳에 뭐가 있는지도 모르고 갔었거든.
그런데 가서 보니까 저런 패턴이 벽과 천장과 기둥에 온통 가득하더구나.

M 선생님이 평소에 상상하고 있던 그런 패턴이 말이죠?

E 그래. 정말 신기하지 않니?

M 혼자서 상상하던 패턴이 실제로 눈앞에 펼쳐졌으니 얼마나 놀라우셨을까요?

E 그래서 저 패턴을 그려온 거야. 더 깊이 알아보고 싶었거든.

M 아하! 연구용으로 쓰시려고 그려오신 거구나.
(그림을 자세히 들여다보며) 근데 잠깐만요! 이거 손으로 그리신 거 맞죠?
혹시 사진을 찍은 다음에 밑에 대고 따라 그리신 건가요?

E 그냥 보면서 따라 그린 건데? 왜 그러냐?

M 도형이 너무 정확하게 그려져서요. 혹시 자와 컴퍼스로 작도를 하신 건가요?

E 자와 컴퍼스라니… 허허허~

판화가가 자와 컴퍼스를 가지고 여행을 다닐 리는 없지 않겠니?

M 그렇긴 한데 정말 작도를 한 것처럼 잘 그리셨네요.

그래서 저걸 가지고 무슨 연구를 하셨어요?

E 저런 패턴들을 내 판화에 적용해보고 싶었어. 기왕이면 알람브
라 궁전에 있는 딱딱한 기하학적인 모양이 아니라 살아 있는 생
명체의 모습으로 말이다.

M 기하학적인 모양을 생명체의 모습으로 바꾸신다는 말씀이시군
요. 그렇게 해서 그 유명한 도마뱀, 새, 물고기를 이용한 테셀레
이션 작품들이 탄생한 거구요.

E 그건 시간이 조금 더 지난 다음의 일이란다.

M 네? 다녀오신 후에 영감을 팍~ 받고 만드신 거 아니었어요?

E 그러려고 했는데 생각처럼 잘 안 되더구나. 네가 알고 있는 작품
들은 거의 모두 두 번째 스페인 여행 이후에 만들어진 것들이야.

M 알람브라 궁전을 또 가셨어요?

E 1936년에 한 번 더 갔었지. 그때 나는 스위스에 살고 있었거든.
그 여행 이후에 본격적인 테셀레이션 작업을 시작했단다.

M 그렇군요. 그런데 알람브라 궁전을 처음 방문하고 나서도 테셀
레이션에 대해 고민하셨다면서 왜 잘 안 되셨을까요?

E (머뭇거리며) 그게 말이다, 영감은 받았는데 머릿속에 떠도는 아
이디어들이 도무지 형상으로 그려지지가 않더구나.

M 아… 형상으로. 그게 생각처럼 쉬운 작업이 아니군요.

E 얼마나 고통스러운 시간들이었는지 모른단다. 그때 나는 평면을
주기적으로 채워가는 게임의 법칙에 대해 아는 게 없었지. 심지

어 내가 무엇을 하려는 것인지도 모른 채 동물의 형상에 집착했었거든.

M 하긴 선생님은 수학자가 아니니까 평면을 규칙적으로 채워가는 원리를 알기가 어려우셨겠죠.

E 엄청난 노력을 했지만 결국 시각적인 표현으로 가져오는 데는 실패했었단다. 정말이지 거의 2년 동안은 종이 위에 반복된 형상을 그리는 노예가 된 것 같았어.

M 세상에… 다른 사람도 아닌 에셔 선생님조차도 형상을 이용한 테셀레이션 작업이 쉽지 않았다는 말씀이잖아요.

E 그래서 다시 알람브라를 방문할 때까지 10년 동안은 테셀레이션 작업에 아예 관심을 두지 않았단다.

M 10년이나요? 상실감이 크셨나봐요.

E 그랬지. 그런 종류의 작업에서는 어떤 것도 이뤄낼 수 없을 것 같다는 생각이 들었거든.

M 에휴… 그래서 어떻게 하셨어요?

E 그때부터는 그동안 그려왔던 이탈리아의 풍경들을 불규칙한 원근법으로 그리거나 공간을 다른 관점에서 바라보고 그려내는 작업을 시작했지.

M 역시! 선생님의 놀이는 무궁무진하군요.
   테셀레이션이 잘 안 되면 다른 걸 하고 놀면 되니까 심심하지 않으셨겠어요.

〈구에 비친 손〉(Hand with Reflecting Sphere, 1935)

― 구에 비친 손, 새로운 자화상 ―

E 자, 이 그림을 보겠니?

M 어! 선생님 초상화네요?

E 유리구슬을 들고 거기에 비친 내 모습과 공간을 그린 거지. 제목이 〈구에 비친 손〉이란다.

M (구슬을 들고 있는 흉내를 내면서) 저 손은 어느 손이에요? 왼손? 오른손?

E 어느 손인 거 같으냐?

M 왼손이네요. 엄지손가락이 왼쪽 바깥으로 향해 있잖아요.

E 그래? 구슬 속에 있는 내 모습도 한번 보거라.

M 구슬 속에 있는 손이요? 몸을 돌려서 선생님과 똑같은 방향으로 따라해보면 오른손인 거 같은데요? 왼손을 구슬에 비추면 거울에 반사된 것처럼 좌우가 바뀌니까 당연히 오른손으로 보이는 거죠.

E 그래서 구슬을 들고 있는 손이 왼손이라는 거냐? 오른손이라는 거냐?

M 그렇게 물으시니까 왠지 다시 생각해봐야 할 거 같은데… 구슬에 비치면 왼손과 오른손이 바뀌는 건 맞죠?

E 그야 그렇지.

M 그렇다면 구슬을 들고 있는 손이 왼손인지 오른손인지만 알면 되는데… 아무리 봐도 왼손인 것 같아요. 왼손으로 구슬을 들고 오른손으로 판화 밑그림을 그린 거죠.

E 허허허~ 네 생각이 변하지 않을 거 같구나.

그럼 이쯤에서 힌트를 하나 줄까?

판화는 찍는 순간 왼쪽과 오른쪽이 바뀐단다.

M 어! 그렇다면 구슬 바깥의 왼손은 판화의 원판에서 오른손이라
는 말이네요. 그 말은 오른손으로 구슬을 들고 왼손으로 판화의
밑그림을 그렸다는 말이구요. 맞나요?

E 이제야 맞았구나. 나는 왼손잡이거든.

M 와… 왜 듣기 전에는 생각을 못 했을까요?

판화의 원판을 찍어내면 좌우가 바뀐다는 사실을 말이에요.

E 그렇다면 판화 원판은 지금 네가 보고 있는 그림이 좌우로 뒤집
힌 모습이겠지?

M 참 독특하시네요. 자기 모습을
구슬 위에 반사시켜서 그릴 생
각을 하시다니.

E 재미있지 않니?

내가 예전에 『거울 나라의 앨
리스』라는 책을 읽은 적이 있
는데, 그 소설 속에 거울 나라
이야기가 참 흥미롭더구나.

M 아~ 『이상한 나라의 앨리스』
뒤에 이어져서 나오는 그 얘기
요?

E 그래.

〈구에 비친 손〉 판화의 밑그림

M 저도 읽었던 거 같긴 한데, 어떤 내용이었는지 기억이 가물가물 해요. 그런데 그 동화 같은 이야기를 읽고 저런 식으로 엉뚱한 자화상을 그리신 거예요? 마치 거울 놀이를 하듯이요?

E 내가 저런 종류의 그림을 그린 건 한두 번이 아니야.

대학을 다니던 1921년에도 아주 비슷한 자화상을 그린 적이 있 거든. 또 1934년에도 아버지가 선물해주신 페르시아 새를 앞에 세워두고 방 안에서 저런 자화상을 그렸었지.

M 왜 하필 저런 방법으로 자화상을 그리신 거예요?

보통은 거울을 보면서 자기 모습을 그리더라도 거울 속에 있는 자기 모습만 그리지 거울까지 포함해서 그리진 않잖아요.

E 저 그림을 잘 봐라.

그림 속에 내가 들고 있는 게 뭐냐?

M 유리구슬이죠.

E 그 구슬 속에는 뭐가 있는 거 같으냐?

M 선생님 모습이랑 벽이랑 천장이랑 쇼파랑…

하여간 선생님 방의 모습이 있죠.

E 그렇지. 나는 구슬을 들고 있고, 그 구슬 속에는 나와 내 주변을 둘러싼 공간이 왜곡된 형태로 압축해서 들어가 있는 거지.

M 그런데요?

E 구슬을 이리저리 돌리며 논다고 생각해보자.

그럼 어떻게 될 거 같으냐?

M 구슬 속 방의 모습도 빙글빙글 돌아가면서 보이겠죠?

E 그럴 때 변하지 않는 게 하나 있단다.

M 그게 뭔데요?

E 그 구슬을 바라보고 있는 사람의 눈. 더 정확하게 말하면 두 눈의 중간 지점이 구슬의 중심을 향해 있다는 사실이지.

M 아~ 그렇겠네요.

구슬을 들고 자세를 바꾸거나 몸을 움직여도 구슬 가운데에는 언제나 제 눈이 있는 거잖아요. 주변 풍경이 변하는 것과 상관없이 말이죠.

E 그렇다면 구슬에 비친 세계에서는 어디가 중심인지 알 수 있겠지?

M 제 눈? 그냥 제가 중심인 거네요.

E 바로 그렇지. 그것도 움직일 수 없는 중심이 되는 거란다.

M 우와~ 선생님 구슬 초상화에 그렇게 깊은 의미가 있는 줄 몰랐어요.

E 뭐~ 사실 나는 어떤 의미를 담으려 한 건 아니었어. 그냥 이런 방식으로 세상을 바라보는 게 신선하고 재미있었을 뿐이거든.

M 그러게요. 뭔가 색다른 안경을 끼고 세상을 바라보는 느낌인데요? 그런데 선생님!

E 왜 그러냐?

M 이 구슬 속에 비친 방의 모습이랑 지금 선생님 작업실이랑 똑같은 거 같아요. 벽에 걸린 그림이랑 선반, 저 뒤에 작업대가 그림 속 구슬에도 있거든요.

E 그럴 수밖에. 내가 유리구슬 자화상을 그린 곳이 바로 여기니까 말이다. 손 바로 위에 있는 의자는 작업하다 누워 쉬려고 갖다

놓은 거란다.

M 그림 속에 있는 선생님 작업실 안에 제가 들어와 있다는 게 너무 신기하네요.

저도 이런 자화상 하나 갖고 싶은데 하나 그려주시면 안 돼요?

E 미안하지만 나는 다른 사람 초상화는 잘 안 그린단다.

M 왜요?

E 누가 내 앞에 자세를 취하고 앉아 있으면 너무 불편해서 참을 수가 없거든. 아무래도 나는 정신적으로 초상화라는 걸 그리기 어려운 사람인 거 같더구나.

M 그럼 다른 사람 초상화는 아예 없는 거예요?

E 아버지와 아내의 초상화를 몇 점 그리긴 했지만 그 외에는 없단다.

M 아… 그래서 선생님 작품 중에는 유독 자화상이 많은 거군요.

E 좀 이상하지?

나는 작업을 할 때 모습이 평상시와 조금 다르단다.

M 어떻게 다른데요?

E 내 작업은 어느 날 갑자기 아이디어가 번개처럼 떠오르며 시작되거든. 그때부터는 그것에 완전히 사로잡혀서 헤어나질 못한단다. 그러면 대부분의 시간을 은둔자처럼 작업실에 처박혀서 지내곤 하지. 작업하는 동안에는 완전히 몰입을 해야 하니까 말이야.

작업이 시작되면 누가 내 옆에 있는 것만으로도 아주 불편함을 느껴. 내가 작업하는 모습을 누군가 지켜보는 듯한 느낌도 아주 싫어하지. 그게 가족들이라도 말이다. 나는 정말이지 작업할 때

만큼은 오로지 혼자만의 공간에서 조용히 집중하는 시간을 가져야 하거든.

M 아… 혼자 있는 시간이 창작의 밑거름이로군요.

E 그럼. 막연하게 떠오르는 아이디어들을 구체적인 형상으로 잡아내는 작업은 극도의 집중력과 인내력을 필요로 하거든.
    작업에 몰두할 때는 혹시나 아이들이 창문으로 내가 작업하는 모습을 볼까봐 정원으로 가는 문도 잠가버렸어.

M 그럼 선생님이 작업실 문을 나올 때까지는 얼마 정도의 시간이 걸리는 거예요?

E 때론 몇 주가 걸리기도 했어. 뿌옇던 아이디어가 구체적인 이미지로 스케치가 되고 나서야 작업실 문을 열고 나왔으니까. 아내나 아이들도 그 작업이 끝나야만 눈에 들어오거든.

M 긴장의 끈이 풀리는 순간이네요. 그럼 그때부터는 선생님이 스케치한 이미지를 봐도 되는 거예요?

E 그때부터는 봐도 된단다. 가장 어렵고 중요한 단계가 일단 끝난 거니까.

M 아… 판화 작업에도 단계라는 게 있나 봐요.

E 그렇지. 첫 번째는 아이디어를 형상화한 다음 그걸 이미지로 그려내는 단계이고, 두 번째는 그 이미지를 판화로 만드는 단계란다.

M 그중 첫 번째 단계가 까다롭고 어렵다는 말씀이시죠?

E 그렇지. 손으로 판화 작업을 하는 동안에는 정신적으로 쉴 수 있으니 마음이 한결 가볍고 즐겁거든.

M 하긴 두 번째 단계에서는 이미 그려진 이미지를 따라 부지런히

손만 움직이면 되니까. 창작의 고통이 없으니 훨씬 수월하셨겠어요.

E 그래. 세상에 없는 그 무엇을 만들어낸다는 건 기쁜 일이기도 하지만 고통스러운 일이기도 하단다.

M 그럼에도 불구하고 그 일을 계속하시는 건 뭔가 큰 매력이 있기 때문인 거잖아요. 혹시 작품을 구상하실 때 스스로 창조하신 그 세계에 완전히 빠져버리시는 거 아니에요?

E 그렇게 보이니?

M 작업실에서 나오지도 않고 혼자 상상의 나래를 펼치시는 걸 보면 왠지 그러실 거 같은데요?

E 그 순간 나는 현실과는 조금 다른 세계에 있다고 봐도 되겠구나. 현실에서는 불가능하지만 상상 속에서는 얼마든지 가능한 그런 세계 말이다.

M 선생님만의 그 세계가 어떤 건지 참 궁금하네요.

─ 평면 위 이상한 놀이터 ─

E 이 판화를 한번 보자꾸나.

M 엥? 손이 손을 그리네요.

E 어떤 손이 어떤 손을 그리는 거 같으냐?

M 오른손이 왼손을 그리고 있는데 다시 또 왼손이 오른손을 그리고 있고…

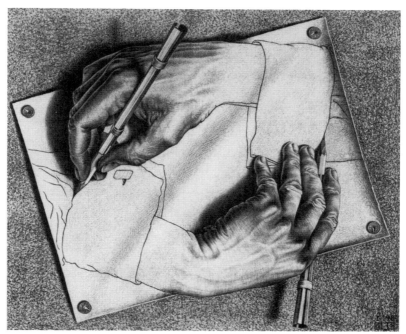

〈그리는 손〉(Drawing Hands, 1948)

뭐죠? 끝없이 돌고 도는 게 꼭 뫼비우스의 띠 같은데요?

E 뫼비우스 띠를 아는구나.

M 그럼요. 만들어도 봤는걸요.

종이띠를 길게 자른 다음 한쪽 끝을 뒤집어서 다른 쪽 끝하고 붙이면 되잖아요.

E 뫼비우스의 띠에 어떤 성질이 있는 줄 아니?

M 안쪽 면과 바깥쪽 면이 이어지면서 하나의 면을 갖는 도형이 되잖아요. 그래서 띠 위에 점을 찍고 면을 따라 선을 그리면 두 바퀴를 돈 다음 같은 지점으로 돌아오게 되구요.

E 아주 잘 알고 있는데? 사실 난 그런 도형이 있는 줄도 몰랐어. 그

뫼비우스의 띠

런데 수학자들이 알려주더구나. 뫼비우스의 띠라는 게 있는데 판화로 그려보면 어떻겠냐고.

M 뫼비우스의 띠를 수학자들이 알려줬다구요? 선생님은 그걸로 작품을 만드셨구요?

E 그렇다니까.

M 와~ 수학자들과 교류하면서 미술 작품이 탄생하기도 하는군요. 그런데 혹시 그 작품에 붉은 개미가 등장하나요? 뫼비우스의 띠를 뱅글뱅글 도는 붉은 개미들요?

E 그 그림을 본 적이 있구나.

M 네. 워낙 유명하거든요. 작품 제목이 〈뫼비우스의 띠Ⅱ〉였던 걸로 기억해요.

E 그래 맞다. 아홉 마리의 붉은 개미가 뫼비우스의 띠를 돌고 있는 그림이지.

M 선생님. 이건 그냥 제 생각인데요, 그 아홉 마리의 붉은 개미는 뫼비우스의 띠를 무한히 돌고 있는 개미 한 마리의 모습을 나타내는 거 아닌가요?

E 왜 그렇게 생각한 거냐?

M 다 똑같이 생겼잖아요. 그러니까 그 아홉 마리의 개미는 일종의 정지 화면 같은 거예요. 띠를 돌고 있는 순간순간을 표현하기 위한 선생님만의 기법인 거죠.

E 내 그림을 움직이는 영상처럼 생각하며 봤구나.

M 한참 보고 있으면 정말 그렇게 보인다니까요? 개미가 움직이는 것처럼요.

E 녀석~ 눈이 착시를 일으켰나 보구나. 그럼 다시 〈그리는 손〉으로 돌아가서 손에 대한 얘기를 좀 더 해보자꾸나.

M 아… 네.

E 내가 저 〈그리는 손〉을 만든 건 1948년이란다. 네덜란드에 살면서 작업을 했지.

M 어! 여기 로마에 살 때 만든 게 아니네요?

E 그렇단다. 그런데 내가 지금 저 작품을 보여주는 이유가 있어.

M 그게 뭔데요?

E 내가 어떻게 공간과 차원을 가지고 놀기 시작했는지를 보여주고 싶어서였단다.

M 잠시만요. 그림을 좀 가만히 봐야겠어요.
(그림을 보며) 음… 평면에서 손이 튀어나와서 다른 손을 그리고 또 그린다는 건데… 평면에 그려진 손인데도 진짜 손인 것처럼 보이네요. 혹시 이것도 착시 현상인가요?

E 그렇다고 볼 수 있지. 현실에서는 불가능한 것들을 그림에서는 얼마든지 가능한 것처럼 그릴 수 있으니까.

M 어떻게 그럴 수가 있죠?

E 그림은 속임수니까.

M 그림이 속임수라니… 좀 지나친 표현 아닌가요?

   우리가 사는 세상을 충분히 사실적으로 담고 있는 그림도 많잖아요.

E 그러면 다시 물어보자.

   그 사실적인 그림들을 정말 사실이라고 말할 수 있을까?

M 그렇게 물어보시니까 또 할 말이 없어지는데…

E 잘 보거라. 저 그림 속에 보이는 종이와 연필들은 진짜처럼 보이지만 진짜가 아니잖니. 종이에 찍어낸 하나의 그림에 불과하니까.

M 뭐 따지고 보면 그렇죠. 그렇다면 손도 마찬가지일 텐데요?

   진짜 살아 움직이는 것 같지만 사실은 평면 위에 그려진 그림일 뿐이니까요.

E 그렇지. 2차원 평면의 세상은 4차원의 세상만큼이나 우리에겐 허구적인 세계란다. 그런데 우리는 3차원 공간의 모습을 평평한 종이 위에 그려놓고 공간을 상상하며 보게 되지. 3차원 공간을 보고 있다고 착각하면서 말이야.

M 우리가 3차원에 살고는 있지만 세상을 2차원적으로 인식한다는 건 알고 있어요. 어떤 사물의 모습을 앞과 뒤, 옆에서 동시에 볼 수는 없으니까요.

E 아주 적절한 설명이구나. 바로 그 평면이 나에겐 아주 재미있는 놀이터였던 거야. 3차원의 원근감을 무시하면 현실적으로는 불가능한데 마치 가능한 것처럼 보이는 그림을 얼마든지 그려낼 수 있거든.

M 그러니까 선생님은 처음부터 '저 손을 그리는 손은 모두 가짜다' 라는 생각을 가지고 만들었다는 거네요. 일부러 엄청 진짜처럼 보이도록 말이죠.

E 당연하지. 앞으로도 종종 저런 작품들을 보게 될 거다. 2차원과 3차원을 넘나드는 아이디어나 공간을 비현실적으로 비틀어서 불가능하게 만든 도형들을 말이다.

M (잠시 멍해져서) 아… 제 생각에는 선생님이 형상으로 평면 채우기에 실패하신 후 약간 이상해지신 거 같아요.

E 허허허~ 그래?
하긴 테셀레이션 작업에서 실패를 맛본 후부터 나는 공간의 구조를 더이상 분석적인 방법으로 다루지 않기로 마음먹었어.

M 공간의 구조를 분석한다는 건 사실적으로 나타내기 위한 거잖아요. 그러니까 이제부터는 선생님만의 독특한 시각으로 공간을 재해석해서 작품을 만들겠다는 말씀이신가요?

E 그렇지.

M 일종의 일탈을 시작하신 거네요. 그렇다면 그림 속에 휘어진 공간은 삐뚤어진 선생님 마음을 나타낸 걸지도 모르겠어요.

E 뭐~ 아주 틀린 말은 아닌 거 같구나.
당연하게 보아오던 것들에 의문을 던지고 전혀 다른 시각으로 보기 시작하면 평범했던 것들이 꽤나 재미있게 다가오니까 말이야.

— 그림은 속임수 —

M 선생님의 작업은 보이는 대로 그리는 것보다 훨씬 흥미로운 것 같아요. 공간을 가지고 노는 것도 같구요.

그런데 그런 아이디어는 갑자기 어떻게 생겨난 거예요?

E 갑자기가 아니란다. 아주 오래전부터 생각해오던 거니까.

M 오래전부터요?

E 내가 어릴 때 살았던 집은 17세기의 고택이었거든. 그 집 천장에는 커다란 벽화가 그려져 있었는데, 그림들은 다양한 회색의 그림자와 조화를 이루면서 아주 사실적으로 보였어. 마치 대리석 부조로 생각될 만큼이나 말이야. 나는 그 그림이 속임수와 환영이라는 걸 알고 있었는데도 불구하고 너무나 놀랍도록 사실적이어서 계속해서 쳐다보게 되더구나.

M 천장에 그려진 그림이 입체적으로 보였단 말씀이시죠?

E 그렇지. 그때 나는 우리 눈이 이미지와 현실을 구별하는 데 아주 취약하다는 사실을 알게 되었어. 모르긴 몰라도 그 그림을 그린 화가들 역시 그림에 속아 넘어갈 사람들을 상상하며 즐거워했을 거야.

M 에이~ 설마 그런 생각을 하면서 천장에 그림을 그렸을까요?

E 나라면 그랬을 거 같은데? 내가 하려는 일이 그런 거였으니까.

M 사람들의 눈을 속이기 위해 작품을 만드신 거예요? 정말 그런 목적이셨어요? 와~ 너무하시네요. 사람들은 그런 줄도 모르고 선생님 작품에 빠져들잖아요.

E   그런 눈속임이 있으니 빠져드는 거 아니겠니?

M   하긴 보고 또 보게 되는 이유가 그 함정 같은 속임수 때문이긴
    하죠.

E   그런 종류의 감각적 속임수는 마술사들에게서도 볼 수 있단다.
    우리는 아무것도 만지거나 볼 수 없는 상태에서 그들이 하는 과
    장된 공간적 놀이를 바라만 보게 되지 않니? 그런데 그건 평면
    상에 그려지는 그림을 보는 것과 같은 원리란다.

M   음… 진짜 그러네요.
    우리는 마술사만 아는 숨겨진 공간을 보지 못하잖아요. 그 상태
    에서 눈앞에 보여지는 평면적인 모습만을 보면 당연히 속을 수

밖에 없죠.

E 내가 하는 모든 작업은 바로 그런 공간에 대한 장난이고 놀이란다. 3차원 공간을 2차원 평면에 표현하다 보면 네가 말했던 그 '숨겨진 공간' 같은 게 생기게 되거든.

M 화가들은 보통 그런 공간을 원근감을 사용해서 나타내잖아요.

E 그렇지. 그런데 그 원근감을 조금 다르게 사용할 수도 있지 않겠니?

M 다르게요? 멀리 있는 걸 가까이 있는 것처럼 표현한다는 말씀이세요?

E 그런 식이지. 그러다 보면 표현 과정에서 일종의 충돌이 생겨날 수 있거든.

M 충돌이라면… 왜곡되어 보인다는 거겠죠? 입체감이나 원근감 같이 평면에 담을 수 없는 공간의 성질 같은 것들을 이상하게 표현하면서 말이죠.

E 바로 그렇지. 입체감이나 원근감을 표현할 때 생기는 충돌이나 대립을 마치 가능한 것처럼 지워버리면 가상과 현실의 벽이 무너지게 되거든.

M 하… 그래서 선생님 작품을 보게 되면 자꾸 생각하고 질문하게 되는 거군요. 도대체 어디까지가 맞는 거고 어디가 잘못된 건가 찾게 되구요.

E 그렇겠지.

M 진짜 선생님의 그 상상력은 못 말리겠네요.
꼬마들보다 호기심이 더 많은 거 같아요.

E 어린아이가 느끼는 호기심과 놀라움은 이 세상에 없어서는 안 되는 소금 같은 존재야. 그게 없다면 현실을 뛰어넘는 상상력과 그것을 실현하려는 노력이 모두 사라질 테니까. 다행히 내 안에는 어린 시절의 내가 아직 남아 있는 것 같구나. 허허~

M 지금 짓고 있는 선생님 표정을 보면 정말 장난꾸러기 소년 같아요. 하하~

에셔 선생님과의 작품 여행은 해가 지고 집 안 깊숙이 어둠이 들어오고 나서야 끝이 났다. 평소 이렇게 공부를 했다면 지쳐 쓰러졌을 마르코지만 웬일인지 오늘은 없던 에너지가 솟아나는 것만 같다. 역시나 호기심이란 건 시간을 잊게 할 만큼 배움을 즐겁게 만들어주는 듯하다.

조금 늦은 저녁을 먹고 잠자리에 들 준비를 하던 그때. 에셔 선생님이 갑자기 방으로 들어오셔서 짐을 미리 싸두라고 하신다. 내일은 로마를 떠나 네덜란드로 가야 한다고 하시면서.

하… 국경을 건너 다른 나라로 가는 일정이 포함되어 있었을 줄이야. 이번에는 한곳에 머무르면서 편안하게 여행을 하나 싶었는데. 역시나 기대를 하지 말았어야 했다. 다시 주섬주섬 짐을 챙기고 잠자리에 든 마르코는 시작부터 범상치 않은 에셔 선생님의 놀이가 앞으로 어떤 방향으로 갈지 감이 잡히지 않는다.

판화가의
길을 가다

TICKET

Departure	Seat
Arrival	

'마르코, 마르코! 일어나거라.'

누군가 멀리서 자신을 부르는 것 같다. 잠시 후 그 목소리가 가까이 다가오더니 어깨를 잡고 흔들어댄다.

'기차 시간이 얼마 안 남았단다. 어서 일어나거라.'

뚜벅거리는 발소리가 사라지자 부스스 몸을 일으킨 마르코. 불현듯 오늘 기차를 타고 네덜란드로 갈 거라던 에셔 선생님의 말씀이 떠오른다.

'비행기를 타고 가면 편할 텐데 왜 하필 기차를 타고 가신담. 하긴 벌써 예약까지 해놓으셨으니 어쩔 수 없지.'

마르코는 주섬주섬 옷을 입고 꾸려놓은 짐가방을 챙겨서 방을 나간다. 그러고는 분주하게 떠날 준비를 하는 에셔 선생님께 아침 인사를 한다.

M 선생님, 잘 주무셨어요?

E 그럼. 너도 잘 잤니?

M 네. 챙길 짐이 많으세요?

E 아니. 짐은 별로 없단다.

M 그런데 왜 이렇게 바쁘세요?

E 언제 다시 올지 모르지만 이 집을 잘 정리해놔야 할 거 같아서.

너처럼 나를 만나러 오는 사람들이 있으면 그때 다시 이 집에 머물러야 하거든.

M 아~ 그렇군요. 저희 기차 시간은 언제예요?

E (시계를 보더니) 어이쿠~ 시간이 벌써 이렇게 되었나?
　　서둘러 가야겠구나.

　마르코와 에셔 선생님은 버스에서 내리자마자 개찰구를 향해 달린다. 역무원이 깃발을 흔들며 출발 신호를 주려던 순간 마르코와 에셔 선생님은 아슬아슬하게 기차에 올라탄다.

— 나에게 맞는 장소 —

M 헉헉~ 하마터면 기차를 놓칠 뻔했어요.

E (가쁜 숨을 고르며) 그러게 말이다.

M 그런데 네덜란드까지는 어떻게 가는 거예요?

E 프랑스와 벨기에를 거쳐서 갈 거란다. 내 고향인 바른(Baarn)까지 가려면 20시간이 넘게 걸리니까 편안한 마음으로 가자꾸나.

M 20시간이나요? 비행기를 타면 빠르고 편할 텐데 왜 굳이 기차를 타고 가나요?

E 글쎄다. 나는 기차가 익숙하고 좋구나. 우리 때는 비행기를 타고 하는 여행이란 게 없었지. 다들 이렇게 여행을 했어.

M 그럼 저도 선생님 시대의 여행을 상상하며 천천히 즐겨볼게요.

E 나쁘지 않은 경험이 될 거다. 빠르고 편리한 게 항상 좋은 건 아

니거든.

M 저 이렇게 네 개의 나라를 통과하며 20시간씩 하는 여행은 처음이에요. 겁도 좀 나지만 한편 설레기도 하네요.

E 나 같은 노인도 하는데 네가 못 하면 안 되지 않겠니?

M 그러네요. 헤헤~

그런데 갑자기 왜 네덜란드로 가는 거예요? 선생님은 이탈리아와 로마를 너무너무 사랑하셨잖아요.

E 정말 사랑했지.

난 말이다… 사람의 행복이 그 사람이 머무는 곳에 달려 있다면 나란 사람은 평생 이탈리아에 있어야 한다고 생각했어.

M 그런데요?

E 더이상 이탈리아에 머물 수 없는 상황이 되었단다.

M 무슨 일이 있었어요?

E 이탈리아의 정치적인 분위기가 심상치 않아졌거든. 파시스트들이 이탈리아 전역을 장악하면서 내가 좋아했던 로마의 밤은 전혀 다른 모습이 되었어.

M 여행하다가 경찰서에 구금되기도 하셨다더니 상황이 더 심각해졌나 봐요.

E 그랬지. 난 사실 정치나 이념 같은 것에 관심이 없는 사람이거든. 그저 조용히 이방인으로 살고 싶었어. 그런데 상황이 변하는 걸 보니 더이상 그럴 수 없겠다는 생각이 들더구나.

M 로마에 계속 머물려면 그 분위기에 적응해야 했겠죠?

E 나는 도저히 그럴 수가 없더구나.

게다가 조지네 학교에서 아이들한테까지 파시스트 정권의 유니폼을 입으라고 강요하는 모습을 보고 이탈리아를 떠나야겠다고 결심했지.

M 그래서 어쩔 수 없이 떠나신 거군요. 고향인 네덜란드로요.

E 처음에는 네덜란드가 아니라 스위스로 갔어.

M 네? 지금 우리는 네덜란드로 가고 있잖아요. 스위스가 아니라요.

E 스위스에서는 아주 잠시 머물렀단다. 1935년부터 2년 동안 살았는데 그곳에서 나는 작품 활동을 거의 하지 못했었지.

M 왜요? 알프스의 나라 스위스에 가면 눈 쌓인 언덕만 보고 있어도 영감이 막 떠오를 거 같은데요?

E 너는 눈을 좋아하는가 보구나.

M 그럼요. 눈사람도 만들고 썰매도 타고 얼마나 좋아요.

E 나는 산이며 계곡이며 모든 게 하얀 눈으로 덮여 있는 게 끔찍하게 싫었단다. 도대체가 영감을 받을 수 있는 곳이 없었어.

M 정말요? 뭐가 문제일까요? 스위스도 둘째가라면 서러울 정도로 아름다운 자연을 가진 나라인데요.

E 모르겠다. 나는 지구를 덮고 있는 그 하얀 것들이 너무 싫었어. 불쑥 솟은 산은 역사도 없고 생명도 없이 버려진 돌덩이 같았고 말이다. 건축은 또 얼마나 깔끔하고 기능적인지 도무지 상상의 여지가 없더구나.

M 아… 지나치게 기능적인 것도 문제였군요. 하긴 로마의 역사적인 건축과 비교를 하면 여러모로 차이가 나긴 하죠.
그래도 스위스에서 살아가려면 어떻게든 적응을 하셔야 되지 않

겠어요? 자꾸 이탈리아랑 비교를 하면 마음만 힘들어지잖아요.

E 나도 노력을 해봤는데, 그게 생각처럼 잘 안 되더구나.

M 그럼 어떡해요? 마음이 즐거워야 작품 구상도 될 텐데요.

E 내가 그랬잖니. 스위스에서는 작품을 거의 만들지 못했다고.

M 헤고… 큰일이네요. 다시 이탈리아로 돌아갈 수도 없고 말이죠.

E 그런데 그렇게 괴롭고 또 괴롭던 어느 날. 바다의 중얼거림이 들리더구나.

M 네? 스위스에는 바다가 없지 않나요?

E 알고 보니 그 소리는 예타가 머리를 빗으며 내는 소리였어.

M 앗! 이제 환청까지 들리시는 건가요?

E 허허~ 녀석. 그런데 말이다, 그때 나에겐 소리의 정체가 무엇인지가 별로 중요하지 않았어. 내 마음속에는 이미 바다에 대한 그

리움이 소용돌이처럼 일어나고 있었거든. 그때부터 나는 떠나
야겠다는 생각을 멈출 수가 없었지.

M 그래서 떠나셨어요?

E 바로 그다음 날 아드리아(Adria)라는 화물선 회사에 편지를 썼
어. 그 회사의 화물선에는 여행자를 위한 숙박 시설을 조금 갖추
고 있었거든.

M 편지에 뭐라고 쓰셨는데요?

E 나와 내 아내를 위한 선박 비용을 그림으로 지불하고 싶다고 썼지.

M 현금이 아니라 그림으로요?

E 그래. 12개의 작품을 4번씩 찍어서 48점을 주면 어떻겠냐고 물
어봤거든.

M 여행 비용을 그림으로 받는 회사가 어디 있어요?
설마 그게 진짜 가능할 거라고 생각하진 않으셨겠죠?

E 안 될 이유도 없지.

M 정말 티켓을 그림으로 사신 거예요?

E 그렇다니까.

M 역시 에셔 선생님! 그때도 좀 유명하셨나 봐요.
여행 비용을 그림으로 받은 걸 보면요.

E 유명은 무슨. 나중에 물어보니 그 회사에서는 나를 아는 사람이
한 명도 없었다는구나.

M 엥? 선생님을 아무도 몰랐다구요?

E 어떻게 그런 결정을 내렸는지는 모르겠다만 나로서는 참 감사
한 일이었지.

그 여행을 통해 내가 살아 있음을 느낄 수 있었으니까.

M 듣고 보니 스위스가 싫었던 건 눈 때문이 아니라 여행 때문인 것 같은데요? 이탈리아에서 매년 하던 여행을 못 하게 되면서 마음이 괴로웠던 게 아닐까요?

E 그랬을지도 모르겠구나.

M 선생님에게 여행은 생명수와도 같군요.

─ 두 번째 알람브라 여행 ─

E 나는 아직도 여행을 시작하던 그날, 그 순간의 짜릿함이 생생하게 기억난단다. 너 혹시 뱃머리에 서서 파도가 배에 부딪히는 소리를 들어본 적 있니?

M 그럼요.

E 파도 소리를 들으며 하늘과 구름과 바다가 변하는 모습을 가만 지켜보거라. 그러다 보면 세상에 바다보다 더 매혹적인 건 없다는 생각마저 들 거란다.

M 그 배를 타고 어딜 가신 거예요?

E 스페인으로 갔단다. 알람브라 궁전을 다시 방문한 게 바로 그때였지.

M 아~ 그 두 번째 스페인 여행이요? 그게 언제였는데요?

E 스위스로 이사한 다음 해니까 1936년이구나.
그 여행은 내 작품의 일대 전환을 가져온 아주 중요하고도 값진 여행이었어.

M 도대체 뭘 보셨길래요?

E 무어인들의 위대한 예술 세계를 봤단다.

벽과 기둥과 천장을 수놓는 기하학적인 모티브들을 말이다.

M 그건 졸업하던 해인 1922년 여행에서도 봤다고 하셨잖아요?

E 그때보다 더 많은 것들이 보이더구나.

나는 비로소 그곳에서 눈을 뜬 것 같았지.

M 하긴 처음에는 모르고 가셨지만 이번에는 알고 가신 거니까.

처음 갔을 때보다 깊이 있는 여행이 되셨을 거 같네요.

E 나와 예타는 알람브라 궁전을 3일 동안 매일 방문했단다.

하루 종일 앉아서 기하학 패턴들을 열광적으로 따라 그렸지.

M 아내분도 같이 따라 그리셨어요?

E 그럼. 벽에 그려진 패턴들을 따라 그리면서 우리 둘 다 큰 감동
을 받았어. 무어인들의 패턴은 시간이 지나도 변하지 않는 영원
한 존재를 느끼게 해주었거든.

M 이슬람 궁전의 패턴에 완전히 빠지셨군요.

E 그들은 동일한 형상으로 빈틈이나 포개짐 없이 평면을 가득 채
우는 방법에 관한 장인들이었어. 물론 안타까운 점도 없지는 않
았지.

M 어떤 점이 아쉬우셨는데요?

E 무어인들은 그런 패턴을 만들 때 추상적이고 기하학적인 모양
들만을 사용했거든. 새나 물고기처럼 알아볼 수 있는 구체적인
형상으로 만들었다면 훨씬 좋았을 텐데 말이야. 왜 아무도 그런

알람브라 궁전의 기하학 패턴들

형상을 만들어내기 위해 노력하지 않았을까 무척 궁금했었어. 아니면 노력을 했음에도 그런 아이디어를 정말 아무도 생각해 내지 못했던 건 아닐까 하는 의문도 들었지.

M 저는 종교적 신념 때문인 걸로 알고 있어요. 그 사람들이 믿는 종교에서는 우상숭배를 금지한다던데요? 그래서 알아볼 수 있는 형상 대신 추상적인 문양으로 신에 대한 믿음을 표현한대요.

E 그래? 여하튼 나는 그런 제한을 받아들일 수가 없더구나. 내 관심을 끌었던 건 살아 있는 생명체처럼 형상을 만들어내는 작업뿐이었으니까.

M 그럼 그때부터 선생님은 다시 테셀레이션 작업을 시작하신 거 네요?

E 10년간 손 놓고 있던 작업을 다시 시작한 거지.

M 그때까지 만들었던 작품들과는 소재나 분위기가 또 많이 바뀌었겠는데요?

E 그랬지.

M 두 번째 스페인 여행 이후에 어떤 작품을 만드셨는지 무척 궁금하네요.

E 나도 보여주고 싶은데 지금은 그럴 수가 없구나.

M 빨리 선생님 집으로 가야겠어요.

E 집까지 가장 빨리 가는 방법이 뭔 줄 아니?

M 어! 뭔데요?

E 한숨 자는 거다. 자고 일어나면 시간이 훌쩍 가 있거든.

M 네? 그게 뭐예요. 저는 기막힌 방법이 있는 줄 알았잖아요.

E 정말이라니까. 그런 의미에서 나는 눈을 좀 붙여야겠다.

에셔 선생님은 힘이 드셨는지 머리를 의자에 기대고 눈을 감으신다. 마르코도 아침 일찍부터 서둘러 나온 탓에 피곤함이 밀려든다. 그렇게 한참을 곤하게 잠든 마르코의 귓가로 곧 밀라노 역에 도착한다는 안내 방송이 흘러 들어온다. 화들짝 놀라 에셔 선생님을 깨우는 마르코. 그렇게 기차에서 내린 마르코와 에셔 선생님은 프랑스 파리의 리옹 역으로 향하는 기차로 갈아탄다.

─ 메조틴트를 시도하다 ─

E 두 번째 열차로 바꿔 탔으니 이제 한 번만 더 갈아타면 암스테르담까지 갈 수 있겠구나. 어때? 만만치 않지?

M 아직까지는 쌩쌩합니다.

E 허허허~ 이제 시작인걸?

M 그렇지만 뭐… 스위스와 벨기에의 멋진 풍경을 보면서 가다 보면 언젠가는 도착하겠죠.

E 기차 여행의 묘미가 바로 그런 것 아니겠니? 산도 보고 마을 풍경도 보면서 가는 그런 재미 말이야. 비행기에서는 구름 말고는 볼 수 있는 게 없잖니.

M 그렇긴 해요. 그런데 선생님. 스위스에서는 2년 동안만 사셨다고 했잖아요. 그럼 그다음에 네덜란드로 이사를 가신 거예요?

E 아니. 벨기에로 갔단다.

M 벨기에요?

E 위클(Ukkel)이라는 작은 마을로 가서 5년을 살았지.

M 와~~ 이탈리아에서 살다가 스위스에 가서 살고, 또 벨기에로 가서도 살아보고. 저는 나라를 옮겨 다니며 살 수 있다는 게 너무너무 부럽네요. 이렇게 기차를 타고 여러 나라를 한꺼번에 돌아다닐 수 있는 것도 신기하구요.

E 허허허~ 녀석. 그 마음도 이해는 된다만 남의 나라에서 산다는 게 그렇게 마냥 부러워할 일은 아니란다. 특히나 그 나라의 사정이 어려울 때는 더더욱 그렇지.

M 왜요?

E 생각해봐라. 내 나라가 힘든데 남의 나라 사람이 와서 잘사는 모습이 보기 좋겠니?

M 듣고 보니 그러네요.

E 상황이 좋을 때는 상관없지만 정치적으로나 사회적으로 불안정하면 제일 먼저 이방인들에게 화살이 돌아가거든.

M 그럴 땐 마음도 불편하고 눈치도 보이겠네요.
   혹시 선생님이 벨기에에 사실 때도 불안정한 상황이 벌어졌나요?

E 처음에는 지낼 만했단다. 그래서 다시 작업을 시작했지.

M 다시 작업을 시작하셨다니 다행인데요?

E 그때 메조틴트(Mezzotint) 기법도 새롭게 시도해 보았단다.
   브뤼셀 인쇄실에서 만난 친구 덕분에 알게 되었거든.

M 메조틴트가 뭔데요?

E 구리판 전체에 홈집을 내서 거칠게 만든 다음 그 위에 그림을 그리는 거란다. 그림은 강철 도구로 부드럽게 문지르면서 그리는데, 펴진 정도에 따라 검정에서부터 회색의 그림자, 그리고 흰색까지를 만들어낼 수 있지. 아주 격조 있고 매력적인 판화 기술이란다.

M 선생님은 늘 새로운 도전을 즐기시는군요.

E 내 판화 중에 〈눈〉(Eye, 1946)이라는 작품이 있거든.

M 어! 눈동자 안에 해골이 있는 그 그림요?

E 알고 있구나.

M 그것도 엄청 유명한 작품이거든요.

E 그게 바로 메조틴트를 이용해서 만든 그림이야.

M 아… 저는 그 작품을 보면서 어떻게 눈썹 하나하나까지 예리하게 표현했을까 궁금했었어요. 그러니까 그 메조틴트라는 기법은 나무를 파내는 목판화랑은 차원이 다른 섬세함이 있는 거네요.

E 목판화는 흑백의 대비가 크기 때문에 조금 투박한 느낌이 들지. 그에 비해 메조틴트는 아주 날카로운 송곳 같은 도구로 섬세한 작업을 할 수 있기 때문에 세밀하면서도 부드러운 분위기를 만들 수 있어.

M 어쩐지 느낌이 달랐어요. 메조틴트를 이용하면 부드러운 음영이 들어간 작품들을 많이 만들 수 있겠는데요?

E 안타깝지만 메조틴트로는 여덟 개 작품밖에는 만들지 못했단다.

M 왜요?

E 메조틴트는 맨 처음 구리판을 거칠게 만드는 작업에서부터 너무 많은 시간과 노력이 들어가거든. 정말 끝도 없이 손이 가는 지루한 작업이란다. 그러니 만들고 싶은 작품이 많은 나 같은 사람들은 그 방법을 계속해서 고집할 수가 없지.

M 어쩔 수 없었겠네요.

E 메조틴트를 그만두고 나니 매일 두 시간씩 숲을 산책할 여유가 생기더구나. 산책을 시작하면서 마음에 평화가 찾아오고 새로운 작업도 구상할 수 있게 되었어.

M 그럼 다시 목판화로 돌아가신 거예요?

E 목판화도 하고 석판화도 하고 그랬지.

M 석판화는 또 뭐예요? 나무를 파내듯이 돌을 파내는 건가요?

E 돌을 파는 건 너무 어렵지 않겠니? 돌 위에 그림을 그리는 거란다.

M 돌 위에 그림을 그려서 그걸 어떻게 하죠? 벽에다 돌을 걸어둘 수도 없고…

E 허허허~ 녀석. 석판화는 돌 위에 그림을 그린 다음 물과 기름의 반발력을 이용해서 찍어내는 방식으로 만들어진단다.

M 물과 기름의 반발력이요?

E 간단하게 설명을 하자면 먼저 평평한 돌 표면에 석판화용 크레용으로 그림을 그린단다. 그런 다음 특별한 화학 용액을 발라서 도안을 고정하고 물로 돌을 닦아내지. 그리고 나서 유성 잉크를 바른 롤러로 석판을 밀면 원래의 도안에만 잉크가 묻어나게 되거든. 물이 묻은 바탕 부분에는 잉크가 안 묻고 말이다. 그 위에 종이를 얹고 힘을 가하면 좌우가 뒤바뀐 그림이 찍혀져 나오지.

M 헤고… 되게 복잡하네요.

E 둘째 날 보여줬던 〈유리구슬을 든 손〉이나 첫날 봤던 풍경화 〈카스트로발바〉 기억나니? 그 작품들도 모두 석판화였단다.

M 작품이 메조틴트만큼이나 섬세하던데요? 제 눈으로는 어느 것이 석판화고 어느 것이 메조틴트인지 구분을 못 하겠어요.

E 석판화도 메조틴트에서와 비슷한 효과를 낼 수 있기 때문이야. 검은색에서부터 회색이나 흰색으로 색을 전환시키는 게 자연스럽고 부드럽거든.

M 판화도 종류가 참 다양하네요.

— 판화의 다양한 기법 —

E 사실 처음에 나는 석판화도 목판화처럼 작업했단다.

M 네? 그게 무슨 말씀이에요? 석판화는 돌 위에 그림을 그리는 거고 목판화는 나무 표면을 파내는 거잖아요. 그 둘은 완전히 다른 방식 아니에요?

E 나에겐 목판화가 워낙 익숙해서 말이다. 석판화를 할 때도 목판화처럼 생각하기 위해 전체 표면을 검게 칠하고 나서 그림 부분을 희게 제거하는 방식으로 작업했거든.

M 잘은 모르지만 그렇게 하면 되게 번거로운 거 아니에요?

E 번거롭지. 그래서 결국 원래의 석판화 방식을 익혔단다.
원래 방식으로 해보니까 확실히 목판화보다는 표현이 수월하더구나.

M 목판화가 얼마나 익숙하셨길래 석판화를 목판화처럼 그리셨을까요?

E 내가 메스퀴타 선생님께 배운 게 바로 목판화였거든. 그때는 목판화가 지금보다 훨씬 유행하던 시절이었어. 메스퀴타 선생님은 나에게 아주 큰 영향을 주신 분이라서 졸업한 후에도 7년 동안은 다른 기술을 사용하지 않고 오로지 목판화 작업만 했었단다.

M 그래서 그렇게 목판화가 많았던 거군요.

E 목판화는 여러모로 장점이 많은 판화 기법이야. 여러 가지 색으로 판화를 만들 때 특히 유용하지. 그럴 땐 색깔에 맞는 목판을 따로따로 준비해서 찍어내야 하거든.

M 여러 개의 목판을 사용할 때가 있다구요?

E 그럼. 나중에 집에 도착하면 그렇게 만든 작품을 보여주도록 하마.

M 목판화에서부터 석판화에 메조틴트까지.

그 모든 방법을 섭렵하시다니 대단하십니다.

E 벨기에에 살면서 새로운 기술 하나는 배웠으니까 그나마 다행이라 할 수 있겠지?

M 선생님은 벨기에가 아니라 다른 나라에 사셨더라도 새로운 기술을 배우셨을 것 같아요. 워낙 판화를 좋아하시고 호기심이 강하니까요. 그런데 벨기에에서는 몇 년 동안 사셨다고 했죠? 5년이라고 하셨던가요?

E 1941년에 고향인 네덜란드로 이사를 했으니까 5년이 맞구나.

M 왜 또 이사를 하신 거예요?

E 금방이라도 전쟁이 날 것 같은 분위기였거든.

M 전쟁이요? 1941년이면…

아! 2차 세계대전이 벌어지던 해군요.

E 그렇단다. 그러다 보니 네덜란드인인 내가 벨기에에 머무르는 것이 어려워지더구나. 당시에 많은 벨기에 사람들이 프랑스 남부로 탈출을 하려고 했거든. 전쟁 때문에 위험하기도 하고 식량도 줄어들고 있었으니까. 그러니 나 같은 외국인이 자기 나라에 남아 그 부족한 식량을 먹어 치우는 것에 대한 분노가 어땠겠니?

M 너무 무서울 거 같아요. 그래서 고향으로 가신 거군요.

E 그렇단다. 바른에 정착하고 나니 비로소 마음이 편해지더구나.

그 후로 나는 30년 가까이를 그곳에서 살았지.

그거 아니? 네덜란드 날씨는 이탈리아와는 다르게 흐린 날이 많아서 춥고 음산하거든. 그런데 그런 날씨가 오히려 나를 작품에 더 집중하게 만들어주더구나.

M 지난번에 선생님의 유명한 작품들은 거의 대부분 네덜란드에서 만들었다고 그러셨잖아요.

E 작품 활동을 왕성하게 하던 시기였어.

네덜란드에 살면서도 가끔씩 화물선을 타고 지중해 여행을 하곤 했거든. 그런데 이상하게도 그때부터는 여행에서 본 것들이 더이상 내 작업에 직접적인 영감을 주지는 않더구나.

M 영감은 이탈리아에서 충분히 받아오셔서 그랬나 봐요.

E 그런 것 같다. 다른 한편으로는 이탈리아를 떠나 다른 나라에 살게 되면서 주변 사물이나 자연을 새롭게 보게 된 것도 같고 말이다.

M 선생님의 작품에는 여러 번의 전환점이 있었던 것 같네요.

E 그래. 그때부터는 나뭇잎에 맺힌 물방울(〈이슬〉Dewdrop, 1948)이나 비 온 뒤의 흙길(〈웅덩이〉Puddle, 1952), 물 위에 비친 풍경(〈세 개의 세상〉Three Worlds, 1955) 같은 평범한 소재들도 작품이 되었으니까.

M 사실 그런 것들은 언제 어디서나 누구든 볼 수 있는 거잖아요. 그렇다고 해서 누구나 그런 작품을 만들 수 있는 건 아니고요. 같은 것을 보고도 다르게 생각하고 표현해내는 게 예술가들의 일인가 봐요.

E 생각해보면 영감의 소재는 늘 평범한 곳에 숨어 있는 것 같지 않

에셔에게 또 다른 영감의 소재가 된 자연의 모습

니? 그러니 내 작품을 그렇게까지 칭찬할 필요는 없는 것 같구나.

M 그래도 저는 선생님 작품을 볼 때마다 독특한 관점이나 상상력, 때로는 극도의 섬세함에 감탄하곤 해요.

E 허허허~ 여하튼 고맙구나.

M 그런데 가족분들은 네덜란드로 온 후에 어떻게 지내셨나요? 이탈리아에서와는 다르게 아이들이 제법 성장했겠네요.

E 아이들보다 예타가 걱정이었어. 당시 예타의 상태가 좋지 않았 거든. 불면증, 어지럼증 같은 증세들이 자주 나타났었으니까.

M 몸이 안 좋으셨나 봐요.

E 몸보다 마음이 더 아팠던 거 같더구나. 그때 나는 작업에 몰두하 느라 몰랐었거든. 그게 다 외로움 때문이라는 걸 아주 나중에야 알게 되었단다.

M 로마에서도 바른에서도 아내분은 계속 외로우셨군요.

E 지금 생각하니 미안한 마음이 많이 드는구나.

그렇게 깊은 우울의 늪에 빠져 있었다는 걸 그때는 몰랐으니까.

내가 아내의 외로움을 헤아렸어야 했는데…

M 마음이 아프네요. 그래도 너무 자책하지는 마세요.

선생님의 작품이 시대를 넘어 사람들에게 영감을 주고 있다는

걸 알면 기뻐하실 거예요.

E 내 작품은 가까운 사람들에게 큰 빚을 지고 있구나.

아내 이야기를 하는 에셔 선생님은 슬퍼 보였다. 왠지 혼자만의 시간을 드려야 할 것 같아 살짝 자리를 비우는 마르코. 기차 안에 있는 매점에 들러 한참을 머물다가 달콤한 디저트를 사서 자리로 돌아간다. 마르코를 보자 다시 미소 짓는 에셔 선생님. 마르코의 손에 든 디저트를 보고는 더 환하게 웃으신다. 마르코는 에셔 선생님에게 남아 있는 어린아이 같은 천진함을 보면서 나이가 든다고 해서 모두가 늙는 것은 아니라는 생각을 문득 하게 된다.

에셔 스타일
테셀레이션 탐험

TICKET

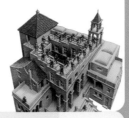

Departure	Seat
Arrival	

파리 리옹 역에서 내린 후 도대체 몇 번이나 더 기차를 타고 내렸는지 마르코는 기억하지 못한다. 어스름한 불빛과 쿰쿰한 냄새, 무거운 등짐을 지고 가는 사람들과 어깨를 부딪혔던 기억들만이 조각조각 남아 있을 뿐이다. 비몽사몽인 상태로 겨우 걸음을 옮겨 다니던 마르코와는 달리 거침없는 기운을 내뿜으며 휘적휘적 걸어가시는 에셔 선생님. 능숙한 몸놀림으로 사람들 사이를 미끄러지듯 빠져 다니는 모습으로 보아 이런 여행을 한두 번 해보신 게 아닌 거 같다고 마르코는 생각한다. 행여 선생님을 놓칠세라 종종걸음으로 부지런히 따라가던 마르코는 그 정신없는 와중에도 속으로 굳게 다짐한다. 내 인생에 이렇게 힘든 기차 여행은 다시 없을 거라고.

얼마의 시간이 지났을까. 기차인지 버스인지도 모른 채 쓰러져 자기 바쁘던 마르코는 마침내 네덜란드 바른에 있는 에셔 선생님의 집에 도착한다. 그렇게 하루치의 어둠은 사라져갔고 여행의 네 번째 날 아침이 밝아왔다.

M 에구구… 선생님은 안 힘드세요?

E 힘은 좀 든다만 집에 오니까 좋긴 하구나.

M 아무래도 오늘은 아침 산책을 생략해야겠어요. 기차에서 잔 건

도무지 잔 것 같지가 않아서 말이죠. 오늘 일정이 뭔지는 모르겠
지만 일단 한숨 자고 오후부터 시작하는 게 좋을 것 같아요.

E 그러자꾸나.

M 그럼 저 딱 두 시간만 잘 테니까 조금 이따가 깨워주세요.
선생님도 주무시구요.

E 내 걱정은 말고 어서 누워 쉬려무나.
식탁 위에 먹을 걸 올려놓을 테니까 아무 때나 일어나서 먹고.

M (하품을 하며) 알겠어요.

마르코는 짐을 푸는 둥 마는 둥 하더니 꼬물거리며 침대로 기어 들어
간다. 그러고는 이내 코를 골며 깊은 잠에 빠져든다. 그렇게 얼마간의 시
간이 흐르고 잔뜩 웅크렸던 몸이 찌뿌둥하게 느껴질 때 즈음. 기지개를
켜던 마르코에게 낯선 소음이 들려온다.

드르륵~ 드르륵~

'이게 무슨 소리지? 뭔가 묵직한 게 탁자 위를 굴러다니는 소리 같은데?'

부스스 잠에서 깬 마르코는 눈이 부시도록 쏟아지는 햇빛을 한 손으
로 가려본다. 그리고 천천히 식탁으로 다가가 사과를 하나 집어 들고 우
적우적 씹어 먹으며 소리가 나는 곳으로 걸어가본다.

― 테셀레이션 체험 수업 ―

M 선생님, 이게 무슨 소리예요?

E 일어났구나. 판화를 찾다 보니 없는 게 많아서 다시 찍고 있는 중이란다.

오랜만에 와서 그런지 집이 엉망진창이구나.

M 아~ 롤러로 목판을 미는 소리였군요.

E 이 소리에 깬 거냐?

M 밖이 너무 밝기도 하고 그래서 깼어요.

이제 피로도 풀리고 몸도 가뿐해졌으니 선생님과 다시 판화 여행을 할 수 있을 거 같은데요?

E 허허~ 역시 젊은 게 좋긴 좋구나.

M 선생님은 괜찮으시겠어요?

E 나야 워낙 이런 여행을 많이 해봐서 아무렇지도 않단다.

M 밤새 여행을 하시고도 괜찮으시다니… 정말 대단하시네요.

그럼 오늘은 어떤 판화를 보나요?

E 우리가 기차 안에서 어디까지 얘기했지?

M 음… 이탈리아를 떠났던 일, 스위스와 벨기에에서 살았던 이야기를 해주셨어요. 스위스에 사실 때 했던 스페인 여행, 그리고 벨기에에서 메조틴트 배운 얘기도 하셨구요.

E 아하~ 그랬구나. 그럼 오늘은 스페인 여행 이후에 내가 어떤 작업을 했는지 들려줘야겠구나.

M 어! 알람브라 궁전을 두 번째로 다녀오신 후에 본격적으로 테셀레이션 작업을 하셨다고 했죠?

E 그랬지.

M 잠깐만 기다려보세요. 제가 한국에서 가져온 게 있어요.

마르코는 방으로 뛰어가 가방을 뒤적거린다. 그러고는 가방에서 몇 장의 종이를 꺼내 반듯하게 편 다음 선생님에게 가져간다.

M 구겨질까봐 엄청 조심해서 가져왔어요.

E 그게 뭐냐?

M 학교에서 수학 시간에 테셀레이션 수업을 했었거든요.
선생님 작품을 여러 개 보고 분석한 다음 그중 하나처럼 만들어
보는 수업이었어요.

E 내 판화 작품처럼 만들었다구?

M 네. 수학 선생님이 도형을 어떻게 변형해야 선생님 작품 같은 테
셀레이션이 나오는지를 알려주셨거든요.

E 그랬구나. 그런데 혼자서 이렇게나 많이 만든 거냐?

M 아뇨. 그럴 리가요. 제가 만든 것도 있지만 친구들이 만든 게 더
많아요. 제가 선생님을 만나러 간다고 하니까 친구들이 자기가
만든 것들을 다 주던걸요?

E 그래?

M 말도 마세요. 서로 자기 걸 보여드려야 한다면서 밀치고 싸우
고… 아주 난리도 아니었어요.

E 그럼 어디 한번 보자꾸나.
(탁자 위에 펼쳐 놓으시면서) 아주 잘 만들었구나.
나보다 더 잘 만든 거 같은데?

M 에이~ 그건 아니죠.
저희는 선생님 작품을 보면서 따라 만든 것뿐인데요.

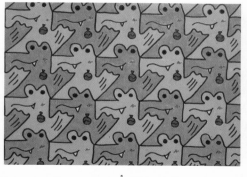

1

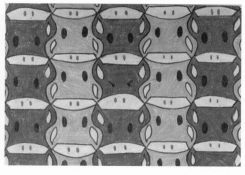

2

3

4

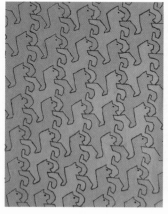

5

6

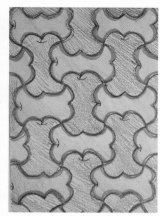

7

E 아니다. 세상에 없던 자신만의 형상을 탄생시키는 작업은 그 자체로 충분히 멋진 예술이란다.

M 다른 사람도 아니고 에셔 선생님에게 칭찬을 들으니까 기분이 너무 좋은데요?

E 그럼 이 작품들을 좀 분류해서 볼까?

에셔 선생님은 책상 위에 작품들을 이리저리 옮기며 배열한 다음 작품마다 종이에 번호를 써서 붙이신다.

― 평면을 채우는 네 가지 방법 ―

M 번호를 붙이시다니… 뭔가 되게 체계적으로 보이네요.

E 조금 이따가 내 작품을 보면 알겠지만 거기에도 하나하나 번호가 붙어 있단다. 작품을 기억하고 분류하는 데 좋은 방법이거든.

M 그런데 어떤 기준으로 그림들을 나누신 거예요? 제 눈에는 모든 그림이 다 달라 보이는데요.

E 이건 정사각형을 변형해서 만든 테셀레이션만 모은 거란다.

M 와~ 어떻게 그걸 한눈에 알아보세요?
저렇게 복잡한 그림들 속에서 정사각형이 보이시는 거예요?

E 그럼. 그리고 똑같은 정사각형으로 만들었지만 변형 방법이 조금씩 다르단다.

M 그건 또 어떻게 알아보세요?

E 전체 그림 속에 있는 매핑(mapping)의 방법이 다르거든.

M 매핑이요?

E 하나의 모양으로 평면을 가득 채울 수 있으려면 정삼각형이나 정사각형, 정육각형같이 테셀레이션이 가능한 도형을 일정한 법칙에 의해 변형해야 하거든.

그렇게 변형해서 만들어진 하나의 조각은 평면을 가득 채우게 되는데, 그때 평면을 채우기 위해 이리저리 움직이는 방법을 매핑이라고 한단다.

M 아~ 맞아요. 저도 테셀레이션을 만들 때 하나의 모양을 완성한 다음 이리저리 움직이면서 그림을 완성시켰어요. 그렇다면 반복되는 하나의 도형이 다른 도형들과 완전히 겹쳐지도록 움직이는 방법이 매핑인 거네요?

E 그렇지. 네 말처럼 서로 겹쳐지게 움직이는 방법은 크게 네 가지가 있단다.

제일 간단한 것은 밀어서 움직이는 평행이동(translation)이야. 그리고 30도나 90도처럼 일정한 각도로 돌리면서 이동시키는 회전이동(rotation)이 있지. 또 하나는 뒤집어서 이동시키는 거울반사(reflection)고, 나머지 하나는 평행이동과 거울반사를 동시에 하는 미끄럼반사(glide reflection)란다.

M 네? 뭐가 그렇게 복잡해요?

E 그렇다면 좀 쉬운 말로 표현해볼까?

평행이동은 '밀기'라고 할 수 있겠구나. 회전이동은 '돌리기', 거울반사는 '뒤집기'라고 하면 되겠고. 그러면 미끄럼반사는 뭐라고 하면 좋을까?

M 음… 밀어서 뒤집기? 아니면 뒤집어서 밀기도 되나요?

E 둘 다 결과는 같을 테니까 어느 것이든 상관없겠지.

M 쉬운 말로 바꾸니까 이해가 조금 더 잘되는 거 같아요.

─ 평행이동 ─

E 이번엔 네가 가져온 그림들을 보면서 이야기해보자.
먼저, 평행이동만 있는 그림을 뽑아보면 1번과 5번, 6번이 되겠
구나. 1번 그림에서 반복되는 모양이 뭔지 말해보겠니?

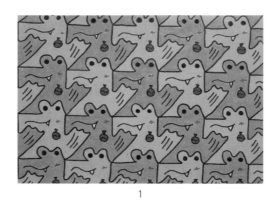

1

M 악어 한 마리죠.

E 그 악어 한 마리가 어떤 도형에서 만들어졌는지 알겠니?

M 아까 이 그림들은 모두 정사각형을 변형한 거라고 하셨으니까
정사각형이겠죠?

E 녀석. 기억력 하나는 알아줘야겠구나.

(투명 종이를 대고 그 위에 노란색 선을 그리며) 그 정사각형을 그려 보면 이렇게 되겠지.

악어 한 마리를 만드는 정사각형

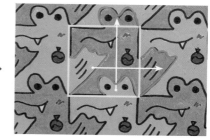

정사각형 변형 원리

M 아~ 정사각형을 그려놓고 보니까 변을 어떻게 변형했는지 알겠네요.

아랫변에 눈을 만들어 오리고 그걸 마주 보는 변으로 밀어서 붙였어요. 왼쪽 변은 꼬리 모양으로 오린 다음 그걸 또 오른쪽 변으로 밀어서 붙였구요.

E 그렇지. 잘 보면 그림 전체에도 평행이동이 보이지 않니?

그건 악어 한 마리가 평행이동의 원리에 의해 만들어졌기 때문이란다.

M 어! 그럼 하나의 조각을 어떻게 변형하느냐에 따라 전체 그림의 매핑 방법이 달라지는 거예요?

E 그렇단다.

M 와~ 신기하네요. 한 조각의 변형 원리가 그림 전체의 매핑 원리를 좌우하는 거잖아요.

E 그러니까 반복되는 하나의 조각을 찾은 다음 어떤 도형을 어떻게 변형했는지 관찰하는 게 중요하겠지?

M 그렇겠네요. 그럼 5번과 6번도 1번과 같은 방법으로 정사각형을 찾으면 되겠네요. 아까 1번과 5번, 6번에는 평행이동만 있다고 하셨잖아요.

E 그랬었지. 그럼 이번엔 네가 직접 해보겠니?

M 한번 도전해볼게요.

E 처음이라 쉽지 않을 테니까 힌트를 하나 주마.
정사각형을 찾을 때는 여러 모양이 만나는 경계 지점을 잇는 것이 가장 좋단다. 그리고 그 점들은 반복되는 하나의 모양에 대해 같은 지점이 되어야 하지.

M 아하~! 경계 지점인데 같은 점을 찾아라 이거죠?
(끙끙대다가) 5번에서는 동물의 꼬리 끝점들을 이었거든요. 그런데 뭔가 약간 삐딱하네요. 아무래도 정사각형이 아닌 거 같은데요?

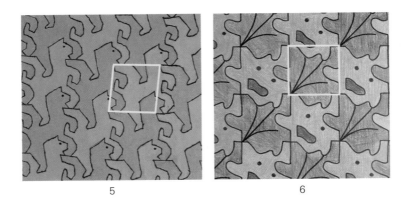

5   6

E 꼭 정사각형이 아니어도 된단다.

평행사변형이나 마름모여도 평면을 채울 수 있거든.

M 어! 6번 그림은 정사각형 안에 있는 풀 조각과 분홍색 얼굴 조각의 형태가 같은데요? 같은 모양을 다르게 꾸민 거였네요. 정사각형을 그리기 전까지는 몰랐었는데, 다시 보니 정말 신기한데요?

E 상상력이 뛰어난 친구의 작품이구나.

그리고 저 5번 그림은 내 판화 중에 〈페가수스〉(105번)를 따라 만든 거 같은데?

M 어떻게 아셨죠? 5번을 만든 게 바로 저예요. 원래는 선생님 작품을 보면서 똑같이 만들려고 했는데, 만들고 보니 좀 달라 보이네요.

E 허허허~ 제법 잘 따라 했는걸.

너희들 교육에 내 작품이 사용된다니 아주 뿌듯하구나.

M 못했는데도 잘했다고 말해주시니까 기분 좋네요.

― 회전이동 ―

M 평행이동 말고 회전이동이나 거울반사가 있는 것도 있어요?

E 그럼. 먼저 회전이동이 있는 걸 찾아볼까?

2번과 3번을 봐야 하는데, 그중에서 2번 그림을 먼저 보자꾸나.

M 회전이동은 돌리는 거잖아요. 저 그림은 어디를 어떻게 돌린 걸까요?

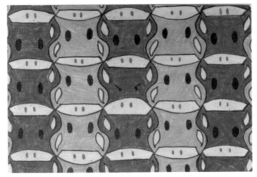

2

E 그걸 알려면 아까 했던 것처럼 반복이 되는 하나의 조각을 찾아 분석을 해봐야겠지? 어떤 도형을 어떻게 변형한 것인지 말이다.

M 악어 한 마리가 어떻게 생겨났는지 찾았던 것처럼요?

E 그렇지.

M 그럼 저 여러 개의 소 얼굴 중에 하나를 선택해서 봐야겠네요.

E 소의 얼굴도 정사각형을 변형해서 만든 거란다.

그러니까 변형하기 전의 정사각형을 먼저 찾아야 할 것 같구나.

M 아까 서로 다른 모양이 교차하는 지점들을 이으면 된다고 하셨죠?

그 점은 소의 얼굴에 대해 모두 같은 지점이 되어야 하구요.

그럼 저는 그림 가운데 화가 난 소의 얼굴을 중심으로 정사각형 을 찾아볼게요.

E 어느 변을 어떻게 잘라서 붙였는지도 찾아보거라.

M 정사각형을 그리고 나니 잘 보이네요.

아랫변은 잘라서 머리 위로 밀어서 붙였고, 왼쪽 변은 중간 지점 을 중심으로 한쪽을 잘라서 다른 한쪽으로 180도 회전을 시켜 서 붙였어요. 오른쪽 변도 마찬가지 방법으로 변형했구요.

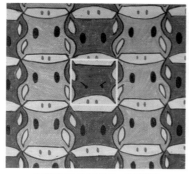
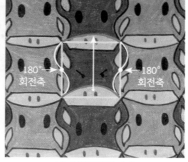

소 얼굴 하나를 만드는 정사각형　　　　　정사각형 변형 원리

E 방금 180도 회전을 시켜서 붙였다고 그랬지?

M 그랬죠.

E 그러니까 소의 얼굴들이 서로 비슷해 보이지만 잘 보면 줄마다
　방향이 다르다는 걸 알 수 있단다. 소의 귀처럼 볼록 튀어나온
　부분의 방향을 잘 보거라.

M 아하~ 제가 가리킨 줄은 코가 아래 있고 귀가 위에 있는데 그 양
　옆의 줄은 코가 위에 있고 귀가 아래쪽으로 향해 있어요. 방향이
　서로 반대인데요?

E 그렇지. 소의 얼굴 하나를 어떻게 만들었나 잘 생각해보렴. 정사
　각형이었던 변을 변형하는 과정에서 180도 회전을 했었잖니. 그
　렇기 때문에 전체 그림에도 180도 회전이 생긴 거란다.

M 와~ 평행이동에서와 마찬가지네요. 이번에도 기본 조각 하나에
　180도 회전이동이 담겨 있으니까 전체 그림에도 180도 회전이
　나타나는 거잖아요.

E 그렇지. 이번엔 3번 그림을 보겠니?
　여기서는 어떤 회전이 보이는지 한번 찾아보거라.

3

M 도마뱀의 얼굴은 두 개가 180도 회전하면서 만나네요.

왼쪽 발은 네 개가 90도씩 회전하며 만나구요.

E 한 마리의 도마뱀을 만들려면 정사각형의 한 변을 오려서 그 옆에 있는 변으로 90도 회전하며 붙여야 하거든. 두 변 끝에 맞닿아 있는 꼭짓점을 중심으로 말이다.

도마뱀 한 마리를 만드는 정사각형

M 저 이거 할 수 있을 거 같아요.

E 그럼 이건 숙제로 남겨주랴?

M 헛! 선생님도 숙제를 주시는군요.

E 원래 훌륭한 교사는 숙제를 많이 내는 법이거든.

M 에구… 그래도 충분히 할 수 있는 숙제니까 괜찮아요.

— 거울반사와 미끄럼반사 —

E 그럼 이제 거울반사와 미끄럼반사로 가볼까?

M 이름부터 좀 어려울 거 같은 느낌이 드는데요?

E 천천히 따라오면 되니까 걱정 말거라.

그림 4번과 7번을 봐야 하는데, 먼저 4번 그림을 보자꾸나.

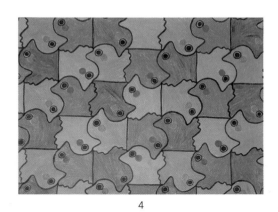

4

M 음… 뭔가 복잡해 보이네요. 뒤집어진 곳도 보이고 180도 회전한 곳도 보여요.

E 나라면 색칠을 저렇게 하지 않았을 것 같구나.

M 어떻게 하고 싶으신데요?

E 같은 방향으로 서 있는 새들을 같은 색으로 칠하는 거지.
새의 부리를 보면 위, 아래, 오른쪽, 왼쪽 네 방향으로 향해 있거든.

M 아~ 그러고 보니 대각선 방향으로 같은 방향의 새들이 줄지어
있네요. 오른쪽 위에서 왼쪽 아래로 향하는 대각선이요. 그런데
여기에 무슨 반사가 있어요?

E 반사가 있는지 없는지를 알려면 어떻게 해야 할 거 같니?

M 한 마리 새를 만들기 위해 정사각형을 어떻게 변형했는지 알아
봐야죠. 그러려면 먼저 그 정사각형을 찾아야 하구요.

E 이제 거의 박사가 다 되어가는데? 한번 해보겠니?

M (혼자 궁시렁거리며) 정사각형을 찾으려면 네 마리 새가 만나는
지점 4개를 이으면 되겠네. 날개는 아랫변 가운데를 중심으로
한쪽을 오려서 다른 한쪽으로 180도 회전시켜서 붙이면 되고,
그리고 바닥은 평평하니까 선분의 중점을 중심으로 180도 회전
시켰다고 보면 되는데…

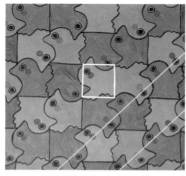

새 한 마리를 만드는 정사각형

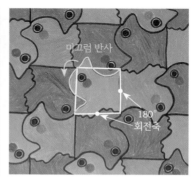

정사각형 변형 원리

어! 선생님. 부리랑 배는 어떻게 잘라서 붙인 거예요?

E 잘 보면 그냥 회전시킨 게 아니지?

M 네. 뭔가 되게 이상하게 오려 붙였어요.

E 한 변을 자른 다음 이웃한 변으로 90도 회전을 시켜서 붙이긴 하는데, 붙이기 전에 뒤집은 거란다.

M 아~ 붙이기 전에 뒤집은 거군요.

E 그렇게 뒤집어서 붙이면 전체 그림에 미끄럼반사가 나타나지. 아까 네가 말했듯이 미끄럼반사라는 건 뒤집어서 미는 거니까.

M 사실 맨 처음 그림을 봤을 때 너무 복잡하고 정신없다고 생각했거든요. 그런데 그게 여러 가지 매핑이 한꺼번에 있어서 그랬던 거네요. 90도, 180도 회전에 미끄럼반사까지 있으니까요.

E 변형 방법이 다양할수록 그림은 당연히 복잡해 보이지.

M 하긴 평행이동만 있는 그림은 어딘가 모르게 좀 심심하고 밋밋해 보이긴 했어요. 확실히 회전이동도 있고 미끄럼반사도 있는 게 멋져 보이긴 하네요.

― 어떤 매핑인지 찾아봐! ―

E 이제 7번 그림을 볼까?

M 먹다가 만 사과네요.

E 이 그림에서는 어떤 매핑 방법들이 보이니?

M 평행이동이랑 회전이동이 보이네요. 사과 네 개가 하나의 꼭짓

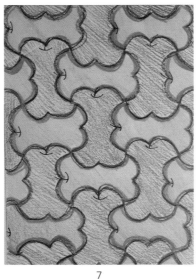

7

점을 중심으로 돌아가니까 90도 회전이구요.

E 또 뭐 보이는 거 없니?

M 순서상 왠지 반사가 있다고 말해야 할 거 같은데 어디에 있을까요?

E 허허허~ 쉽지 않지?

(노란색으로 선을 그리며) 지금 긋는 노란 선들이 거울반사 축이란다.

이 선을 중심으로 그림을 접어보면 거울처럼 양쪽이 대칭되지.

M 어! 그러네요.

E (파란색으로 선을 그리며) 파란색 선들은 미끄럼반사 축이야.

평행이동을 한 뒤에 파란색 선을 중심으로 거울반사를 시키면 역시 포개지거든.

M 와~ 그럼 이 그림에는 평행이동, 회전이동, 거울반사, 미끄럼반

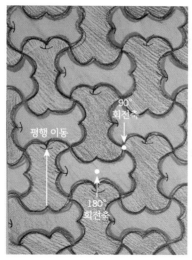
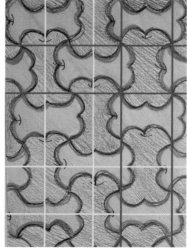

사가 다 있는 거네요?

E 그렇지. 먹다 만 사과 하나의 모양을 보면 그 안에 가로, 세로 거울반사와 90도 회전, 180도 회전이 모두 들어가 있거든.

M 이 작품 누가 만들었는지 가서 물어봐야겠어요.

E 그림 주인은 왜 찾는 거냐?

M 네 가지 매핑 방법이 다 있는 걸 알고 만들었는지 모르고 만들었는지 궁금해서요.

E 허허허~ 아마 모르고 만들었을 거다. 내가 처음에 그랬던 것처럼 말이다.

M 저희가 만든 작품 속에 이런 수학적 원리가 들어 있었다니⋯ 정말 놀랍습니다.

E 수학을 몰라도 수학이 담긴 그림은 얼마든지 그릴 수가 있단다. 우리의 삶과 자연 속에는 수학적인 원리가 아주 많이 숨어 있거

든. 그러니 자연과 일상의 모습을 담아내다 보면 그 속에 자연스
럽게 수학이 스며들 수밖에.

M 하여간 다 좋은데 머리가 좀 아프네요. 어제 기차에 있을 때는
몸이 너무 힘들었는데, 차라리 그게 나은 것도 같아요.

E 허허허~ 그래? 그럼 다시 로마로 갈까?

M 아니요. 그건 아니구요. 그냥 조금 쉬었다 하면 안 될까요?

E 그러자꾸나. 가만 보니 어렵게 집에 왔는데 제대로 된 식사도 못
한 거 같구나.

마르코와 에셔 선생님은 늦은 점심을 먹는다. 식사를 했으니 로마에
서처럼 낮잠을 자나 싶었는데 웬걸. 마르코는 선생님에게 끌려가다시피
바로 작업실로 들어간다.

― 기쁨과 슬픔, 아름다움과 추함의 연결고리 ―

M (발을 탕탕 구르며) 아~ 진짜! 선생님!
점심을 먹었으면 낮잠도 자고 좀 쉬고 그러셔야죠. 이렇게 바로
또 작업실로 오는 게 어디 있어요.

E 나는 이게 쉬는 건데. 재미있지 않니?

M 네?

E 나는 너도 재미있어하는 줄 알았는데 아니었냐?

M (난감해하며) 아… 하하하…

재미가 없는 건… 아니긴… 한데…

E (다소 실망한 표정으로) 하긴…

알람브라 여행에서 돌아온 이후에 나는 이 평면 채우기 놀이에 완전히 빠져 있었거든. 그런데 그렇게 홀딱 빠져 있는 나를 아무도 이해하지 못하더구나.

M 홀딱 빠지셨다구요?

E 그랬지. 내 평생 이렇게 매력적인 놀이는 처음이었거든.

평면 속에서 어떤 형상과 그 반대되는 형상이 계속해서 툭툭 나타나잖니. 그런 순간에는 온몸을 관통하는 그 전율을 어떻게 표현해야 할지 모르겠더구나. 머리부터 발끝까지 사랑에 빠졌다고 해야 할까?

M 도대체 왜 그렇게까지 빠지신 거예요?

E 글쎄… 모르겠구나. 하여간 그 후 몇 년 동안이나 나는 그 상태에서 헤어 나오질 못했어.

M 1922년에는 테셀레이션 작업을 하시다가 포기했다고 그러셨잖아요. 두 번째 여행 후에는 잘되셨나 봐요?

E 그때는 달랐어. 물고기나 새, 파충류나 사람의 형상 같은 것들을 만들어내기 위해 애쓸 필요가 없었거든. 공간을 채우는 원리들이 나를 위해 형상들을 만들어주었으니까.

M 오~~ 그런 형상들이 평면에서 그냥 툭툭 튀어나왔다는 말씀이군요. 마치 어떤 경지에 이른 사람 같은데요?

E 이렇게 재미있는 놀이를 사람들은 왜 이해하지 못할까… 나는 너무 놀랍고 충격적이었어. 도대체 왜 내가 보는 이 아름다움을

다른 사람들은 보지 못하는 건지 도무지 이해할 수가 없었지.

M 선생님은 다른 사람들도 모두 선생님이 보는 그 아름다움을 볼 수 있을 거라고 생각했군요.

E 어떻게 그걸 보지 못할 수 있는지 되려 묻고 싶어지더구나.

M 에고, 참… 답답하고 외로우셨겠어요.

E 그래. 다른 사람들이 이해하지 못하는 세계에 빠져 있다는 사실을 안 후부터 나는 한없이 외로워졌지. 때로는 평면의 규칙적인 분할이라는 화려한 정원을 나 혼자 걷고 있는 것처럼 느껴지기도 했거든.

M 그래도 선생님은 꿋꿋한 분이잖아요. 대학 교수들이 졸업 작품을 몰라줬을 때도 흔들리지 않고 선생님만의 작품 세계를 만들려고 하셨으니까요.
그러니까 까짓것 남들이 몰라주면 어때요? 일단 선생님이 즐거우면 되는 거 아니에요?

E 그 말도 틀리지 않는다만 한편으로는 나도 사람들과 소통하고 싶었거든. 내게 떠오른 그 영감과 나를 사로잡은 그 생각을 다른 사람들도 알았으면 했어.

M 그럼 선생님의 작품을 전시하고 해설해주면 되잖아요.
작품을 만들게 된 배경과 작업 과정, 그리고 작품의 의미에 대해서요.

E 그게 안 돼. 내 머릿속에 떠오른 생각은 말로 설명할 수 있는 것이 아니거든. 그 생각이라는 건 오로지 이미지로만 표현이 가능한 거야.

M 어렵네요. 그래서 그 이미지를 찾아내기 위해 그렇게 작업실에 박혀서 고뇌하신 거군요.

E 지독히 괴롭고 외로운 시간이었어.

M 그렇지만 기쁜 순간도 있으니까 그 외로운 시간을 견딜 수 있었던 거 아닐까요?

E 물론이지. 머릿속을 맴돌던 생각들이 어느 순간 어떤 이미지로 다가오면 나는 격정에 휩싸이게 돼. 그 순간에는 세상 누구도 이렇게 아름답고 중요한 것을 만들어내지 못할 거라는 생각마저 들지.

M 그 순간은 정말 짜릿하시겠어요. 지독히 외롭고 괴로운 시간 뒤에 오는 환희의 순간이니까요. 마치 지옥과 천당을 오가는 기분이겠는데요?

E 그렇지만 그렇게 만들어진 작품들이 모두 아름다운 것은 아니란다.

M 네? 그건 또 무슨 말씀이세요?

E 나는 내 작품 속에서 아름다움도 보지만 추함도 함께 보거든. 가끔은 내 작품을 모두 없애버리고 싶은 충동을 느끼기도 하지.

M 아~~ 그러시면 안 되죠. 평생을 바쳐서 이룬 업적이고 많은 사람들이 사랑하는 작품인데요.

E 내 작업실을 한번 둘러보겠니?

M (사방을 휘 둘러보며) 작업실이 왜요?

E 내 작품이 보이니?

M 선생님 작품이… 어? 없네요? 그러고 보니 로마 작업실에서도

못 본 거 같아요. 왜 선생님 작품을 하나도 안 걸어놓으셨어요? 저라면 작품을 전부 액자에 넣어서 벽을 삥~ 둘러 도배했을 거 같은데요.

E 나는 주변에 내 작품이 있는 걸 참지 못하겠거든.

M 너무 완벽주의라 그러신 거 아니에요?

E 글쎄다. 나는 누군가가 내 작품에 대해 설명해 달라고 하는 것도 참 어렵고 낯설더구나.

M 그럼 유명해지시고 나서 작품을 설명해야 할 때는 어떻게 하셨어요?

E 보이는 그대로를 말해줬지.
   나머지는 그 사람이 보이는 대로 보면 되는 거고.

M 작품의 이면에 깔려 있는 작가의 의도나 이야기를 들으러 온 사람들은 좀 실망스러웠겠는데요?

E 그럴지도 모르지.
   가만… 그 판화가 어디 있더라?

M 뭘 찾으시는데요?

E 여기 있구나.
   이건 내가 1943년에 만든 〈파충류〉라는 작품인데, 어느 날 한 여인이 전화를 해서는 이 작품을 보면 윤회의 이미지가 떠오른다고 하더구나.

M 윤회가 뭐예요?

E 불교의 교리란다. 살면서 해탈과 같은 어떤 경지에 이르지 못하면 죽은 다음에 다시 태어나고 또다시 태어나고를 반복하는데,

〈파충류〉(Reptile, 1943)

그걸 윤회라고 하더구나.

M 아~ 그래서 뭐라고 하셨어요?

E 윤회의 이미지가 보이면 그냥 그렇게 봐도 좋겠다고 말해줬지.
   사실 나는 윤회가 뭔지도 모르고 만든 작품이거든.

M 완전 쿨하신데요?

E 예술을 하는 사람은 자신이 의도한 것과 다르게 보는 사람이 있
   다고 해서 화를 내거나 기분 나빠하면 안 돼. 예술이란 원래 보
   는 사람에 따라 다르게 해석되는 법이니까.

M 그럼 저도 선생님 작품을 그냥 보이는 대로 보면 되겠네요?

E 굿~! 바로 그렇게 하는 거란다.

─ 에셔의 도마뱀 테셀레이션 ─

M 헤헤헤~ 그러고 보니 저 〈파충류〉라는 작품에서도 테셀레이션
   이 보이는데요? 바닥에 있는 스케치북을 보면 똑같이 생긴 도마
   뱀들이 평면을 가득 채우고 있잖아요.

E 아주 잘 봤구나. 저걸 이해하려면 정육각형을 변형한 테셀레이
   션까지 가야 하는데 괜찮겠니?

M 아~~ 내일 하면 안 돼요?

E 내일은 또 내일의 주제가 있으니까 미루면 안 되지.
   가만 보자. 정사각형은 끝났으니까 이번에는 정삼각형을 해야
   겠구나.

M 그럼 빨리 끝내요.

E 허허~ 노력해보마.

네가 가져온 작품 중에 정삼각형으로 만든 건 이거 하나인 거 같은데?

8

M 아싸! 빨리 끝낼 수 있겠다.

E 녀석! 지금 보니 일부러 몇 개 안 가지고 온 거 같구나.

M 그건 아니에요. 정삼각형으로 만든 친구가 정말 몇 명 없었거든요.

E 왜 그랬을까?

M 수업 시간에 선생님이 평면 테셀레이션이 되는 정다각형은 세 가지가 있다고 알려주셨거든요. 정삼각형이랑 정사각형, 그리고 정육각형이요. 그리고 나서 도형별로 변형 방법을 설명해주셨는데, 들어보니까 정사각형이 제일 쉽더라구요. 그래서 저를 포함한 많은 친구들이 정사각형을 선택했어요. 정삼각형이나 정육각형으로 만든 친구는 많이 없었구요.

E 하긴 정사각형은 변이 네 개라서 짝을 짓기가 비교적 쉬운 편이

지. 그에 비해 정삼각형은 변이 세 개라서 짝이 안 맞으니까 조
금 다른 변형 방법이 필요하고 말이다.

M 조금 다른 변형 방법이요?

E 그래. 8번 그림을 같이 볼까?

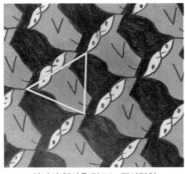

하나의 형상을 만드는 정삼각형   정삼각형 변형 원리

M 이게 정삼각형을 변형해 만든 건지 아닌 건지는 어떻게 알아요?
   저는 도통 모르겠는데요?

E 아까 정사각형을 찾을 때처럼 여기서도 서로 다른 모양들이 만
   나는 점을 이어보면 된단다. 멀리 있는 점들 말고 최대한 가까이
   있는 점들로 골라서 말이다.

M 어! 이어보니 정말 정삼각형이네요.

E 그렇다면 각각의 변을 어떻게 변형시켰는지도 알 수 있겠지?

M 각 변의 중점을 중심으로 한쪽을 잘라 다른 한쪽에 붙였네요.
   그렇다면 이건 180도 회전이동이 되겠어요.

E 변의 중점에서 180도 회전을 시켰으니까 그림에서도 180도 회
   전이 나타나겠지?

M 그렇겠네요. 좀 복잡해 보이지만 찾는 방법이나 성질은 비슷한데요?

E 정삼각형을 변형한 작품이 더 있었다면 좋았을 텐데 조금 아쉽구나. 그렇지만 그냥 넘어가야겠지?

M 앗! 잠깐만요. 저 얼마 전에 동아리 활동에서 그린 벽화 사진이 휴대폰에 저장되어 있을 거예요.

E 벽화도 그렸다구?

M 네. 여기 있네요.

나비 벽화

도마뱀 벽화

E 정말 멋지구나. 벽과 기둥을 장식하는 그림들은 모두 내 작품을 보고 따라 그린 것 같은데? 왼쪽은 70번 작품인 〈나비〉(Butterflies)이고, 오른쪽은 104번 작품인 〈도마뱀〉(Lizards)이구나. 아까 너에게 과제로 냈던 그 도마뱀 그림 말이다.

M 척 보면 다 아시는군요.

E 저 벽화를 그렸을 정도면 한 마리의 나비가 어떻게 정삼각형에

서 나왔는지도 알고 있겠는데?

M 여섯 개의 날개가 모여 돌아가는 30도 회전축하고 그 옆에 있는 120도 회전축 2개를 연결하면 정삼각형이 되더라구요.

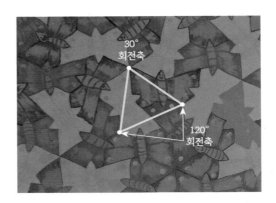

E 정삼각형을 찾았다면 그다음부터는 식은 죽 먹기지. 아까 했던 것처럼 각각의 변을 어떻게 변형했는지만 알아내면 되니까.

M 맞아요. 몇 번 해보니까 웬만한 테셀레이션 작품들은 분석할 수 있게 되네요. 아! 그리고 하나 더 있어요.

E 이건 내 테셀레이션 작품 43번이구나. 저 꽃과 나뭇잎을 만드는 게 쉽지 않았을 텐데… 연구를 많이 했겠는걸?

꽃 벽화

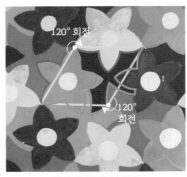

평행사변형 변형 원리

M 맞아요. 꽃과 나뭇잎 한 세트를 만드는 단계에서부터 엄청 고생했거든요.

E 저 테셀레이션은 조금 특이한 다각형에서 출발하지. 지금까지 본 테셀레이션들은 정삼각형이나 정사각형으로 만들었잖니. 그런데 저 꽃과 나뭇잎은 이웃한 내각의 크기가 각각 60도, 120도인 마름모 모양을 변형시켜서 만든 거야.

M 테셀레이션이란 게 정다각형으로만 되는 건 아니군요.

E 그렇단다. 특히 삼각형이나 사각형은 모양과 상관없이 언제나 평면 채우기가 가능하거든.

M 저 지금 판화가가 아니라 수학자와 대화하는 기분인 거 아세요?

E 허허허~ 이 분야에 대해서는 내가 공부를 좀 많이 했거든. 그러다 보니 말이 많아지는구나.

M 그럼 이제 정육각형으로 만든 것들을 볼까요?

E 그러자꾸나. 바로 이 두 작품이 정육각형으로 만든 거더구나.

9

10

M 저 9번 그림은 아까 선생님이 보여주셨던 〈파충류〉라는 작품 바닥에 있었던 거랑 같네요. 스케치북에 그려져 있던 도마뱀이요.

E 그렇지. 내가 만들었던 테셀레이션 작품 중에 25번을 따라 그린 거더구나.

M 저 도마뱀으로 〈파충류〉만 만든 게 아닌가 봐요.

E 〈파충류〉라는 작품을 만들기 전에 테셀레이션을 먼저 만들었지.

M 아~ 테셀레이션을 먼저 만드신 거구나.

 그럼 이 그림에서도 한 마리의 도마뱀이 어떻게 만들어졌는지만 알면 되는 거겠죠?

E 그렇지. 한번 찾아보겠니? 서로 다른 세 가지 색깔의 도마뱀들이 어디서 만나는지를 잘 찾으면 될 거다.

M (중얼거리며) 머리 세 개가 모이는 점이랑 다리 세 개가 만나는 점, 그리고…

 또 어디를 찾아야 해요?

E 다리 두 개와 꼬리 하나가 만나는 점까지 하면 여섯 개가 되지.

M 아하! 정육각형을 그리고 나니까 변형하는 방법이 저절로 보이네요.

 120도 회전된 두 변을 짝지어서 자르고 붙이면 되는 거잖아요.

E 옳지. 내가 왜 변형하기 전의 도형을 자꾸 찾으라고 하는지 이제 알겠지?

M 확실히 알았어요. 그 옆 그림도 마찬가지 방법으로 찾으면 되겠네요?

 색깔이 다른 세 도형이 만나는 지점들을 최대한 가깝게 이어주면~ 짠!!

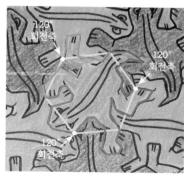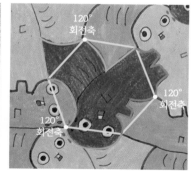

정육각형 변형 원리

E 이젠 내가 가르쳐주지 않아도 잘 찾는구나.

M 선생님만큼은 아니지만 저도 이 평면 놀이에 점점 빠져드네요.

E 그렇지? 이게 보통 재미있는 게 아니거든.

M 선생님 작품도 보고 싶어요.

E 이거 원… 너희들 작품이 내 것보다 나은 것 같아서 보여주기가
　민망하구나.

M 무슨 말씀을요.

E 그럼 내가 알람브라 궁전에서 무엇을 보고 저런 테셀레이션을
　만들었는지부터 말해주마.

M 좋아요.

― 결정과 벽지 디자인 속 패턴 연구 ―

E 이 패턴들을 보려무나. 내가 예타와 함께 알람브라 궁전에 가서
　열광적으로 따라 그렸던 패턴들이 바로 저런 거란다.

M 아… 같은 문양을 반복해서 그린 거라 보기에는 쉬운데…

간격과 크기를 일정하게 맞춰서 그리려면 쉽지 않겠는데요?

E 일단 스케치만 해놓고 집에 와서 다시 정교하게 그리면서 연구를 해봐야지.

그러다 보면 각각의 패턴 안에 어떤 규칙이 있는지 알게 되거든.

M 저는 개인적으로 맨 아래 오른쪽 패턴이 마음에 드네요.

E 아까 봤던 먹다 만 사과 그림 기억나지?

M 네. 평행이동, 회전이동, 거울반사, 미끄럼반사가 모두 있던 그 그림이요.

E 그래. 그 먹다 만 사과 그림과 네가 마음에 든다는 패턴은 같은 규칙을 가지고 있단다.

M 전혀 다른 모양인데요?

E 잘 보면 가로, 세로 거울반사와 미끄럼반사에 90도와 180도 회전까지 보이지 않니.

M (손으로 이리저리 선을 긋다가) 와… 그러네요.

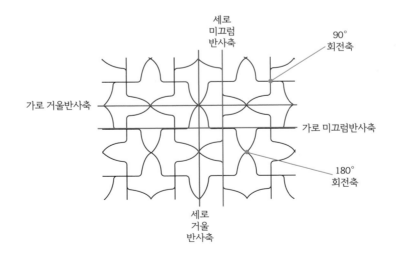

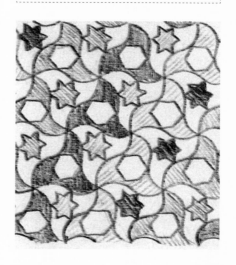

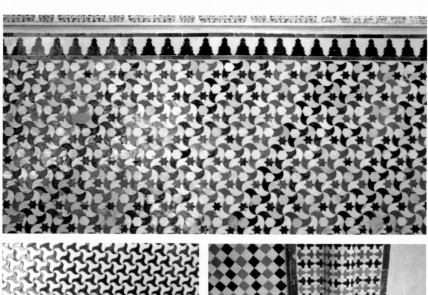

어떻게 이런 걸 바로 아세요?

E 나도 배운 거야.

M 누구한테요?

E 허허허~ 그 얘기는 조금 이따가 하고 이 패턴들을 좀 보거라. 알람브라 궁전을 다녀오고 나서 제일 먼저 만들었던 테셀레이션 작품이란다.

M 판화 그림 위에 91이란 숫자가 쓰여 있는데요?

E 내 작품에는 모두 번호가 붙어 있다고 했던 말 기억나니?

M 네. 그럼 저건 91번 작품이란 뜻이겠네요.

E 그렇지. 위쪽에 있는 알람브라 궁전의 패턴과 비교해 보려무나. 둘이 비슷하지 않니?

M 아… 제가 보기엔 전혀 다른데 비슷하다니요.

E 좀 전에도 네가 좋다고 했던 패턴과 먹다 만 사과 그림이 같은 규칙을 가지고 있다고 했잖니. 이것도 마찬가지란다. 형상이 아니라 구조를 봐야 하는 거야.

M 그러고 보니 배열이 비슷한 거 같네요. 세로줄을 기준으로 보면 한 줄 건너 하나씩 모양과 색깔이 똑같고, 바로 옆줄을 보면 살짝 위로 밀려 올라간 거 같은데요?

E 미끄럼반사가 있어서 그런 거란다. 저 그림에는 평행이동 말고도 세로축 반사와 미끄럼반사가 있거든.

M 가로축 반사랑 미끄럼반사는 없는 거 맞죠?

E 회전도 없고 말이다.

M 그럼 이 알람브라 궁전 패턴을 변형해서 저 딱정벌레 형태의 테

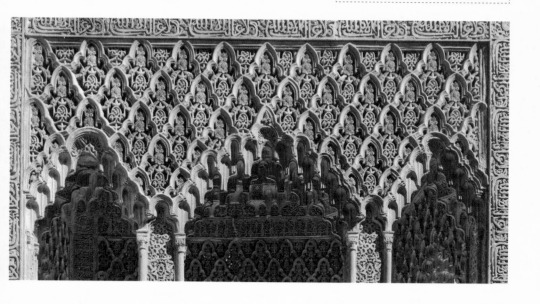

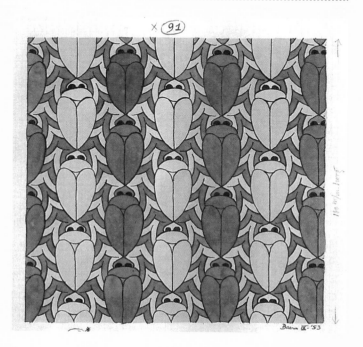

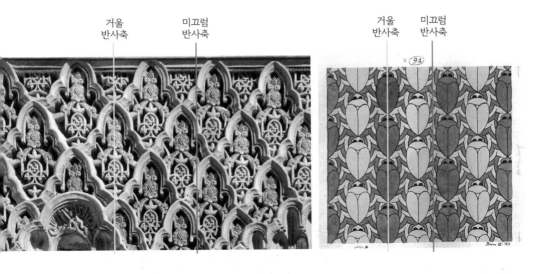

셀레이션 작품을 만드신 거예요?

E 그렇지.

M 와~ 저 알람브라 궁전 패턴을 보면서 어떻게 저런 작품을 생각 해내죠? 게다가 문양마다 어떤 규칙이 있는지를 어떻게 그렇게 한눈에 척척 알아보세요?

E 나도 배운 거라니까.

M 누구한테요?

E 나에게 지질학자인 형이 있거든. 형이 어느 날 내게 결정학자들 의 논문을 한번 읽어보는 게 어떻겠냐고 그러더구나.

M 왜요?

E 매일같이 책상에 앉아 평면을 어떤 형상으로 분할해야 하나 고 민하던 내 모습이 딱해 보였나 보지.

M 아니, 그렇다고 무슨 논문을 읽어요. 그걸 읽으면 답이 나오나 요?

E 그 안에 뭔가 있긴 있더구나.

M 엇! 정말요? 그 결정학자라는 사람들은 도대체 뭘 연구하는 분들이길래 선생님의 고민을 해결해줄 수 있었던 거예요?

E 그 사람들은 결정의 기하학적 특징이나 내부구조, 물리 · 화학적 성질 같은 것들을 연구하거든. 공간의 대칭성이나 구조를 연구한다는 측면에서 보면 내 작업과 비슷한 면이 있다고 볼 수 있지.

M 그래서 진짜 그 사람들의 논문을 읽으셨어요?

E 사실 읽기는 읽었는데 논문의 내용이 너무 전문적이고 어려워서 도대체 무슨 말인지 하나도 모르겠더구나.

M 그 논문에 뭔가 있었다고 하셨잖아요.

E 있었지. 논문 내용은 어려워서 이해하지 못했지만 그림은 알아볼 수 있었거든.

M 글이 아니라 그림을 보면서 이해하신 거군요.

E 내가 할 수 있는 최선의 방법이 그거니까. 그래도 나름 도움이 되었어.

M 어휴~ 테셀레이션 판화를 만들기 위해 논문까지 찾아보시고… 보통 노력하신 게 아니네요.

E 허허허~ 그러니까. 그런데 그게 끝이 아니야. 어쩌다 보니 수학자도 알게 되었는걸?

M 수학자 누구요?

E 조지 폴리아(G. Polya)라는 사람인데, 그가 패턴의 분류에 대한 논문을 썼더구나.

M 그 분야에 관심 있는 사람들이 생각보다 많네요.

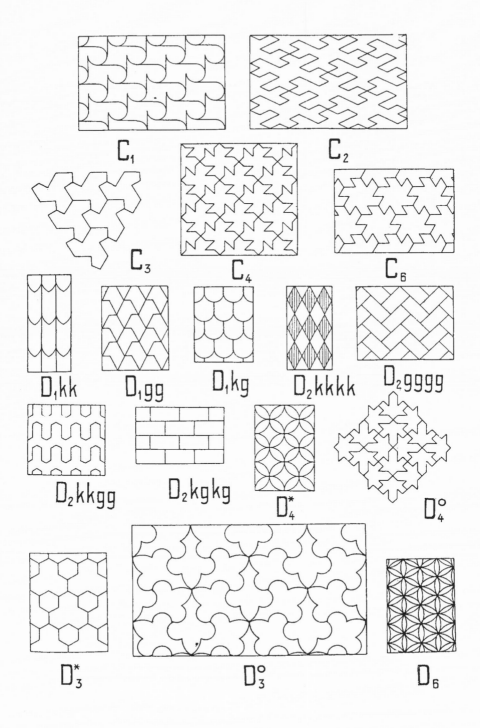

E 그렇더구나. 나는 폴리아가 분류해놓은 17개의 벽지 디자인 패턴이 무척 흥미로웠어. 그의 논문을 보는 순간 내가 찾고 있던 것이 무엇인지 명확해졌거든. 패턴의 분류만 이해한다면 그에 맞는 판화를 제작할 수 있을 것 같은 희망이 생겼지.

M 그러다가 수학자 되시는 거 아니에요?

E 수학자는 무슨. 그런데 내가 판화를 하기 위해 수학을 다시 공부하게 될 줄은 정말 꿈에도 몰랐어. 학교 다닐 때는 수학과 담을 쌓은 학생이었는데 말이다.

M 큭큭큭~ 수포자 에서 선생님이 어쩔 수 없이 수학과 친해지셨네요. 그래서 폴리아의 패턴 분류는 정복하셨나요?

E 나름 이해를 했고 그냥 내 방식대로 대칭을 표시해서 판화 작업에 적용했단다. 나에겐 수학자들의 엄격한 표기법 같은 건 중요하지 않았으니까.

M 표현만 다른 거지, 같은 내용 아니에요?

E 같은 내용이지. 1937년부터 쏟아진 평면의 균등분할 판화들은 모두 폴리아의 논문을 본 이후에 만들어진 것들이란다.

― 테셀레이션 판화를 만든 진짜 이유 ―

M 판화를 만드시겠다고 그렇게까지 연구를 하시다니… 대단하세요.

E 공부를 그렇게나 열심히 했는데 기왕이면 글로 써보는 게 좋지 않겠니? 그래서 1941년에서 1942년 사이에 평면의 균등분할에

대한 내 나름의 이론을 비전문가적인 입장에서 정리를 해봤단
다. 1958년에는 그 내용을 묶어 『평면의 규칙적 분할』이라는 이
름으로 출판을 했고 말이다.

M 우와~ 멋지네요. 그런데 작업은 1937년부터 하셨다면서 책은
왜 그렇게 늦게 내신 거예요?

E (머뭇거리며) 그게 사실은…
평면을 규칙적으로 분할해서 찍어낸 판화들은 그 자체가 목적
이 아니었어.

M 그 자체가 목적이 아니라니요?

E 그런 판화들은 진짜 작품을 만들기 위한 수단에 불과했거든.

M 네? 그게 무슨 말이에요?

E 나의 최종 목표는 변형(metamorphosis)이나 순환(cycle) 같은 주제
의 작품들 속에 평면의 주기적인 분할을 녹여내는 것이었거든.
예를 들자면 바로 이런 것들이란다.

M 아~ 〈낮과 밤〉이랑 〈마법 거울〉이네요! 둘 다 엄청 유명한 작품
이잖아요. 그러니까 선생님의 테셀레이션 판화들은 이런 작품
들을 만들기 위한 연습 작품이었다는 말씀이시군요.

E 그렇지. 〈파충류〉도 그런 과정 끝에 나올 수 있었고 말이지.

M 아~ 그래서 아까 도마뱀으로 테셀레이션을 먼저 만들었다고 하
셨군요. 그 테셀레이션을 〈파충류〉라는 작품의 스케치북에 넣기
위해서 말이죠.

E 그렇다면 과연 〈파충류〉에는 어떤 주제가 숨어 있을까? 궁금하
지 않니?

〈낮과 밤〉(Day and Night, 1938)

〈마법 거울〉(Magic Mirror, 1946)

M 음… 그 작품을 보면 스케치북에 그려져 있던 도마뱀들이 살아나서 책과 도형 같은 것들을 타고 올라가 돌아다니다가 다시 스케치북의 그림으로 돌아가잖아요. 그런 아이디어는 뭐라고 표현해야 할까요?

E 차원을 넘나드는 순환의 아이디어라고 할 수 있겠지. 2차원에서 3차원으로 다시 또 3차원에서 2차원으로 순환을 하고 있으니까.

M 무한이라는 아이디어도 들어가 있는 거 같아요. 어디가 시작인지 어디가 끝인지 모르는 상태에서 계속 돌고 또 도니까요. 끝나지 않는 순환의 고리처럼요.

E 뫼비우스의 띠를 연상시켰던 〈손을 그리는 손〉과도 왠지 연결되는 것 같지?

M 엇! 그러네요.

E 나는 〈파충류〉 작품을 만들 때 평면 속에서 납작하게 누워 있는 도마뱀들에게 이렇게 말해주고 싶었단다. '일어나. 그리고 종이 밖으로 나가. 네가 할 수 있는 것을 보여줘'라고 말이야. 그 도마뱀들도 계속 누워만 있다 보면 답답하고 지겨울 거 아니겠니.

M 선생님은 작품 속에 있는 동물의 형상들과 진짜 소통을 하시나 봐요. 그 형상들의 감정도 느끼시구요.

E 왜 이상하냐?

M (작은 목소리로) 쪼…끔요.

E 저 〈낮과 밤〉이란 작품도 한번 보거라. 우리는 보통 빛을 보면 낮을 떠올리고 어둠을 보면 밤을 생각하잖니. 빛과 어둠, 낮과 밤은 함께 존재할 수 없는 대상이라고 생각하면서 말이다.

그런데 생각해봐라. 그 둘은 모두 엄연히 같은 공간에 존재하는 개념이거든.

M 동전의 양면처럼요?

E 그렇지. 나는 서로 반대되는 것 같지만 같은 공간에서 살아가는 두 존재를 흰색과 검은색의 새로 표현해보고 싶었단다. 그림을 잘 보면 흰 새와 검은 새는 모두 아래쪽의 평원에서 함께 태어나거든. 그런데 위로 날아오르면서 점차 두 개의 형상으로 분리가 되지.

M 흰 새는 오른쪽으로 가고 검은 새는 왼쪽으로 날아가는데요?

E 흰 새들 사이에 있었던 검은 새들은 점차 밤으로 녹아들고, 검은 새들 속에 있었던 흰 새들은 밝은 하늘로 통합되지.

M 그럼 흰 새들은 다시 하늘이 되고 검은 새들은 사각형 모양의 밭이 되는 거네요. 혹시 이것도 순환의 아이디어인가요?

E 맞단다. 게다가 잘 보면 〈낮과 밤〉의 풍경은 서로 거울상이란 걸 알 수 있어.

M 어! 진짜네요. 작품 가운데에 세로 선을 그어보면 색깔만 다르지 완전히 똑같은 그림이 되면서 포개져요.
   (박수를 치면서) 우아… 정말 탁월한 작품입니다.

E 지금은 이 작품이 훌륭하다고 평가받는 모양인데, 처음 내가 만들었을 때만 해도 반응이 좋지 않았단다.

M 에이~ 설마요.
   선생님 작품 중에 제일 많이 팔린 게 바로 이 〈낮과 밤〉이라고 들었는데요?

E 나는 이 작품이 훗날 그렇게 호응을 얻게 될 줄 몰랐어. 작품을 본 내 친구들은 하나같이 입을 모아 '도대체 뭘 만들었는지 모르겠다'고 했거든.

M 그렇게까지 이야기하다니 너무 심한 거 아니에요?

E 너도 그렇게 생각하지? 나는 이런 종류의 작품을 하나 만들기 위해 거의 1년을 매달리며 실험하거든. 그런데 그런 반응을 보이다니… 실망이 아주 컸단다.

M 아니! 위대한 작품을 알아보는 사람들이 정말 그렇게 없었어요?

E 다행히 메스퀴타 선생님은 열광적인 반응을 보였단다.

M 스승님이 좋아하셨다니 그나마 다행이긴 한데… 작품을 인정받기 전까지는 맘고생이 심하셨겠어요. 역시 시대를 앞서가는 예술가들은 당대에 인정받기 어려운가 봐요.

E 우리 아버지마저도 '네가 만드는 판화들은 꼭 벽지 같구나'라고 말씀하셨는걸.

M 음. 그 말은 또 이해가 가네요. 선생님의 테셀레이션 판화들은 17개 종류의 벽지 디자인 패턴을 따라 발전시킨 거니까요.

E 나도 이해가 안 되는 건 아니지만 그래도 그런 말을 들을 땐 기분이 썩 좋지만은 않더구나.

M 저는 메스퀴타 선생님처럼 무조건 선생님 편입니다! 작품 설명을 들으면서 보니까 혼자 볼 때 놓쳤던 부분까지 자세히 보게 되어 좋아요. 〈마법 거울〉이란 작품도 마저 설명해주세요.

E 녀석~ 아까부터 피곤해 보이는데 괜찮겠냐?

M 아무리 피곤해도 〈마법 거울〉 설명까지는 들어야겠어요.

E 내 작품을 어떻게 봐야 하는지 이미 알려준 거 같은데? 설명이란 게 필요 없고 그냥 보이는 대로 보면 된단다.

M 그럼 제가 작품을 보면서 보이는 대로 말해볼게요. 음… 일단 작품 제목이 〈마법 거울〉이잖아요. 왠지 그림 가운데에 삼각형 받침대 사이로 서 있는 게 마법 거울 같아요. 그 거울의 아래쪽 끝에서 어떤 형상이 조금씩 살아 나오고 있거든요. 그런데 그 형상은 멀어지면서 점점 온전한 형태가 되어가네요. 날개 달린 동물로요. 그건 혹시 개인가요?

E 상상의 동물이니까 그냥 그렇다고 하자꾸나.

M 그 개들이 거울 위쪽으로부터 오른쪽 방향으로 삥 돌아 나가요. 가다가 2줄이 되고 다시 4줄이 되는데, 앞으로 가면서 입체감이 사라지고 평면의 그림이 되어가고 있어요.

E 그 반대편도 봐야겠지?

M 왼쪽으로도 똑같은 동물들이 오른쪽과 정확히 반대의 모습으로 걸어가요. 보니까 왼쪽 동물들은 오른쪽 동물들의 거울 이미지인 거 같아요. 그러니까 얘네들도 똑같이 2줄이었다가 4줄이 되고 그렇게 평면 속의 그림이 되는 거죠. 그런데 왼쪽에 있는 동물들은 분명 오른쪽에 있는 동물들의 거울 이미지인데 실제 살아 있는 것처럼 느껴져요. 마법 거울이라서 그런 거겠죠?

E 그렇겠지? 이제 거울이 서 있는 부분의 바닥을 보거라. 그럼 왼쪽과 오른쪽에서 온 동물들이 하나로 합쳐지는 모습을 볼 수 있을 거다. 퍼즐처럼 서로가 서로의 빈틈을 메우면서 거울 밑에 바닥으로 사라지는 거지.

M 평면 테셀레이션이 되면서 말이죠?

E 그런 거지.

M 그런데 그게 끝이 아닌 거 같은데요? 평평한 바닥에 퍼즐처럼 맞춰져 있던 동물들이 거울을 따라 다시 살아나잖아요. 그렇게 개들은 무한히 움직이는 거구요.

E 녀석~ 제법이구나.

M 서당개도 3년이면 풍월을 읊는다는데, 저도 선생님과 3일을 함께 했으니 이 정도는 읽어내야죠.

E 허허허~ 그럼 몇 개 더 보고 잘 테냐?

M (손을 절레절레 내저으며) 아뇨~

오늘은 그만 해요. 저 배도 고프고 잠도 막 쏟아지고 그래요.

E 하긴 아까부터 어두웠는데 저녁 시간이 한참 지난 거 같구나.

M 선생님은 뭔가에 빠지면 시간도 밥도 다 잊어버리시네요.

E 너도 잊은 거 같은데?

M 헤헤~ 사실 그랬어요.

늦은 저녁 식사를 간단히 마친 마르코는 침대에 누워 오늘 선생님과 함께했던 시간들을 다시 떠올려본다. 열정에 달뜬 얼굴로 테셀레이션 작품을 설명하던 선생님은 정말로 행복해 보였다. 무엇보다 반짝이던 눈동자와 후끈거리던 열기를 잊을 수 없을 것 같다.

열정적인 설명과 분위기 때문이었을까? 마르코 역시 형상을 이용한 평면 놀이에 흠뻑 빠져들었던 것 같다. 그리고 선생님이 왜 그렇게까지 평면 놀이에 집착하셨는지도 조금은 알 것 같다. 에셔 선생님이 혼자서 외롭게 걷는다던 비밀 정원에 잠시 침입해본 오늘의 경험이 생각보다 꽤나 괜찮다. 과연 내일은 또 어떤 세계로 들어가게 될까? 벌써부터 무척 기대가 된다.

상대성과
다면체 판화

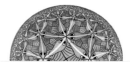

TICKET

Departure   Seat

Arrival

쏴아아~~~

잠결에 비 오는 소리를 들었던 것 같다. 창가에 빗물이 타닥타닥 부딪히는 소리, 홑겹의 창문이 파르르 떨어대는 소리와 함께. 이따금 방 안으로 훅~ 불어닥치는 쌀쌀한 바람 때문인지 마르코는 이불을 잔뜩 끌어안고 좀처럼 일어날 생각을 하지 않는다.

'뭐지? 어제까지만 해도 날씨가 따뜻하고 좋았는데… 갑자기 계절이 바뀐 거 같네. 날씨가 이쯤 되면 아침 산책은 물 건너간 게 아닐까?'

마르코는 날씨를 핑계로 게으름을 피울 수도 있겠다는 생각을 하며 이불 속에서 꼼지락거린다. 그런데 일어날까 말까를 계속 저울질하며 누워 있던 그때, 갑자기 밖에서 우당탕하는 소리가 들려온다. 무슨 일인가 싶어서 황급히 거실로 뛰어나가는 마르코.

M 선생님, 무슨 일이에요?

E (당황해하며) 아니, 그게… 비가 오는 것 같아서 우산을 꺼내려고 했는데, 선반이 내려앉았지 뭐냐.

M 어디 안 다치셨어요?

E 다치지는 않았단다.

M 안 다치셨다니 다행이네요. 그런데 우산은 없어도 될 거 같은데

요? (밖을 내다보며) 지금은 비가 그친 거 같거든요.

E   비가 그쳤나? 그런데 여기는 날씨가 변덕스러워서 언제 또 비가 올지 모른단다.

M   아… 알겠어요. 잠깐만 의자에 앉아서 기다리세요.

마르코는 선반을 들어 제자리에 끼운다. 쏟아진 신발과 물건들도 가지런히 정리하고 먼지도 싹 쓸어 담는다. 그리고 놀란 듯 보이는 에셔 선생님을 위해 따뜻한 코코아를 준비하고 식빵을 굽는다.

M   놀라셨겠어요.

E   아니~ 괜찮단다. 내가 집안일에 서툴다 보니 이런 일이 종종 일어나거든.

M   다른 유명한 예술가 중에도 그런 분들이 있더라구요. 자기 일에는 최선을 다하는 최고의 전문가인데, 일상생활에서는 서툰 분들요.
아! 맞다. 폴 에어디쉬(Erdős Pál)라는 폴란드 수학자는 자기 신발끈도 못 묶어서 남들이 묶어줘야 했었대요.

E   뭐라구? 내가 그 정도는 아니거든!
어느 정도 서툰 건 그럴 수 있다고 생각한다.
그런데 신발끈도 못 묶는 건 너무 심한 거 아니냐?

M   에어디쉬는 평생 집도 없이 떠돌아다니며 동료 수학자들과 연구를 했대요. 작은 가방에 옷 몇 벌과 수첩만 넣어 다니면서요.

E   거참 대단하구나. 집도 없이 평생을 떠돌아다니며 수학을 연구

한다는 게.

M 선생님도 도보 여행을 다니면서 그림을 그리고 판화를 만드셨 잖아요. 그런 면에서 에어디쉬와 비슷해 보이는데요?

E 뭐~ 그렇게 보면 비슷한 것도 같구나. 신발끈까지는 아니지만 선반을 떨어뜨려 먹는 것도 그렇고.

M 어떻게 사람이 모든 일을 다 잘할 수 있겠어요? 선생님은 몰입 하는 힘과 열정이 누구보다 남다르잖아요.

E 녀석~ 아침부터 내가 저지른 실수를 아주 그럴듯하게 마무리해 주는구나.

M 제가 그런 능력이 좀 있죠. 상대의 기분을 잘 이해해주고 말을 잘하는 능력이요. 대신 약한 부분도 있어요. 이를테면 학교 성적 같은 거요.

E 학교 공부를 좀 못하면 어떠냐? 나를 봐라. 학교에서는 낙제 점 수를 받았지만 지금은 내가 좋아하는 판화를 하며 이렇게 사람 들에게 인정도 받고. 좋지 않니.

M 결국 자기가 좋아하는 일을 해라. 이런 말씀이시죠?

E 기왕이면 즐거운 일을 하는 게 좋지 않겠니?

M 그야 그렇죠.

E 하여간 아침부터 난리를 친 덕에 간만에 선반 정리를 다 했구나. 우산도 준비되었으니 아침 먹고 산책을 나가 볼까?

M 좋아요~

E 비가 와서 날씨가 쌀쌀하니 외투를 하나 걸치고 나가는 게 좋을 거다.

마르코는 이탈리아와는 또 다른 네덜란드의 시골 풍경이 마음에 든다. 비가 그친 후 촉촉한 공기에서 묻어나는 풀냄새와 흙냄새도 정겹다. '산책을 건너뛰었으면…' 하고 바라던 아침나절의 단상이 빠르게 스쳐 지나가면서 나오길 정말 잘했다는 생각을 한다.

― 같은 그림이 다르게 보인다면? ―

M 네덜란드에 와서 처음 하는 산책이네요.

E 로마와는 많이 다르지?

M 그러네요. 로마는 걸을 때마다 오래된 역사 속에 있다는 생각이 들었거든요. 여기는 작고 예쁜 어느 유럽 마을의 사진 속에 있는 것 같아요.

E 유럽의 마을은 맞는데 여긴 시골이라 그 정도로 예쁘진 않을 텐데?

M 선생님은 늘 살아서 모르시겠지만 저 같은 사람한테는 자전거 타고 지나가는 저 사람도 멋진 풍경의 일부 같아 보이거든요.

E 그렇구나. 허허허~

M 그런데 네덜란드는 날씨 변화가 심한가 봐요.
어제는 따뜻하고 화창하더니 오늘은 춥고 흐리네요.

E 변화무쌍한 편이지. 비도 자주 오고 기온 차도 심해서 우산과 외투를 가지고 다니는 게 좋단다.

M 지난번에 이런 흐린 날씨 때문에 작업에 집중할 수 있다고 하지

않으셨어요?

E 그랬었지. 덕분에 이곳에서 많은 작품을 만들었고 말이다.

M 작품 활동을 할 때 날씨의 영향도 많이 받는군요.

E 너도 주변 환경에 따라 공부할 때 집중력이 달라지지 않니?

M 하긴⋯ 저도 그러네요.
    선생님은 작품을 구상하실 때 어떤 상상을 하시는 거예요? 어제
    봤던 작품들도 가만 보면 우리 눈에 보이는 모습을 그대로 따라
    그리는 게 아니라 선생님의 상상력이 더해져서 만들어진 거잖
    아요.

E 상상? 많이 하지. 그것도 좀 엉뚱하게 말이다.

M 구슬 같은 모형에 공간을 담는 놀이나 차원을 넘나드는 아이디어는 기억하고 있어요. 사각형 모양 밭이 흰색과 검은색 새로 변하는 상상도 작품에서 봤구요. 다른 게 또 뭐가 있을까 궁금해요.

E 이상해도 비웃지 않는다고 약속하면 말해주마.

M (큭큭거리며) 도대체 얼마나 이상하길래 그러세요?

아무튼, 비웃지 않는다고 약속할게요.

E 잘 듣고 너도 한번 상상해 보거라.

'평평한 바닥은 천장이 될 수 있지 않을까?'

'달걀 반쪽이 동시에 빈 껍질의 반쪽이 될 수도 있지 않을까?'

M (황당한 표정으로) 네? 바닥이 천장이 된다구요?

그리고 달걀 반쪽이 빈 껍질의 반쪽이 된다는 건 또 무슨 말이에요?

E (난감한 표정으로 머리를 긁적이며) 이걸 어떻게 설명해야 하나…

먼저 바닥이 천장이 된다는 게 어떤 건지를 상상해보자.

그러려면 머릿속에 2층짜리 건물 하나를 떠올려야 되겠구나.

M 저 지금 머릿속에서 2층짜리 건물을 짓고 있어요.

E 그 건물은 1층 바닥에서 천장까지의 모습과 2층 바닥에서부터 천장까지의 모습이 같아야 한단다.

M 그러니까 똑같이 생긴 두 개의 집을 아래 위로 붙여놨다는 말씀이시죠?

E 그렇지. 그 건물의 1층에서 위를 쳐다보면 뭐가 보이겠니?

M 1층 천장이 보이겠죠.

E 그렇다면 이번엔 건물의 꼭대기에 올라가서 아래를 내려다보면

뭐가 보일까?

M 아래가 보인다구요? 그럼 건물 꼭대기에서 내려다보면 아래층이 투명하게 들여다보이는 거예요?

E 건물 꼭대기라는 건 2층 천장의 높이를 말하는 거란다.

M 천장에서 내려다보는 게 가능해요?

E 사람의 시선이 그곳에 있다고 상상하는 거지.

M 와~ 사람 시선이 천장에 있다고 상상하는 것부터 신선하네요.
여하튼 천장에서 바라보는 게 가능만 하다면 2층의 바닥이 보이겠죠.

E 그런데 1층에서 올려다보는 천장이 사실은 2층의 바닥과 같은 면 아니냐?

M (다소 의심스러운 표정으로) 음… 좀 두껍긴 한데…
그 두께를 무시하면 2층 바닥과 1층 천장은 하나의 면으로 볼 수 있죠.

E 그렇다면 천장이 다시 바닥이 되도록 그릴 수 있지 않겠니?

M 네? 천장을 어떻게 바닥으로 그려요?

E 아래에서 올려다보는 면과 위에서 내려다보는 면을 같은 면으로 그려 넣으면 되지.

M 그렇다면 그림 속에서 사람의 시선은 두 개의 방향에서 오는 거겠네요? 하나는 1층 바닥에서 위로, 또 하나는 2층 천장에서 아래로.

E 그런 걸 미술에서는 2점 투시라고 하지.

M 어이쿠~ 어려운 말 그만하시고 그림을 보여주세요.
도대체 그런 걸 어떻게 그림으로 표현할 수 있는지 눈으로 직접 봐야겠어요.

E 이따가 집에 가서 보자꾸나. 제목이 〈높고 낮음〉인데, 그 그림을 보면 지금까지 한 말이 이해가 될 거다.

M 알았어요. 그럼 그 계란 반쪽 얘기는 뭐예요?

E 뭐~ 꼭 계란이 아니어도 상관없단다.
동그랗게 원을 그려놓고 적당한 음영을 넣어 색칠했다고 생각해도 되겠구나.

M 음영을 어떤 식으로 넣어요?

E 원을 하나 그리고 그 안에 화산 분화구처럼 또 다른 원을 그려서 음영을 넣는 거지.

M 화산 분화구처럼요?

E 그래. 한쪽 방향으로 빛이 들어온다 생각하고 분화구와 원 안을 색칠하면 되겠지.
(종이와 연필을 꺼내 그리면서) 이렇게 말이다. 그러면 보기에 따라 볼록해 보일 때도 있고 오목해 보일 때도 있거든.

M 같은 그림이 서로 다르게 보인다는 거죠? 착시 그림처럼요?

E 그렇지. 그런 성질을 이용해서 내가 〈볼록과 오목〉이라는 판화를 만들었거든.

M 보는 각도에 따라 볼록하게 보이기도 하고 오목하게 보이기도 하는 그림이겠네요. 음… 그것도 그림을 직접 봐야 이해가 될 거 같은데요?

에셔, 〈마법 띠가 있는 정육면체〉 작품 일부

E 잊어버리지 말고 집에 가서 꼭 찾아보렴.

　　그럼 집으로 돌아가는 길에 내가 했던 엉뚱한 상상을 하나만 더 말해볼까?

M 또 있어요?

E 그럼 더 있다마다. '계단을 오르면 더 높은 평면에 도달한다는 것은 과연 확실한 것일까?' 하는 질문 말이다.

M 네? 올라가면 당연히 높아지죠. 내려가면 당연히 낮아지듯이요. 앞에 하신 상상들은 그럴 수도 있겠구나 싶은데 이건 너무 당연한 걸 부정하시는 게 아닌가요?

E 글쎄다. 나는 계단을 오르고 또 오르다가 제자리로 돌아오는 그림을 그릴 수 있을 것만 같았거든.

M 오르고 또 오르다가 제자리로 돌아오면 끝도 없이 오를 수 있다는 얘기인데…

　　에이~ 아무리 그림이 속임수라지만 그렇게까지 그려질까 싶은데요?

E 집에 가서 내 작품들을 살펴보면서 천천히 생각해 보자꾸나.

M 그래야겠어요. 일단 빨리 가서 〈높고 낮음〉 판화부터 봐요. 〈볼록과 오목〉도요.

E 녀석~ 급하기는.

　　마르코는 재촉하듯 빠른 걸음으로 집에 돌아온다. 에서 선생님도 마르코의 걸음에 맞춰오느라 숨을 헐떡거리신다. 작업실로 들어간 마르코는 판화를 찾는 에서 선생님 옆에 서서 발을 동동 구르며 기다린다.

— 천장이 바닥으로,
볼록이 오목으로 보이는 환상 공간 —

E 여기 있구나.

M 이게 〈높고 낮음〉이라는 작품이에요?

E 그렇단다.

M 아~ 이제야 이해가 되네요. 1층의 천장이 정말 2층의 바닥과 하나가 되었군요.

E 더 확실하게 보려면 그림을 위 아래로 반반씩 가리면서 봐야 한다.

M 오~ 반씩 나눠서 보니까 둘 다 정말 아무 이상 없는 그림으로 보이네요. 그러니까 이 그림은 서로 다른 두 개의 시점에서 바라보고 그린 그림을 하나로 붙여놓는 방식으로 탄생한 거군요.

E 그렇게 설명이 되겠구나.

M 되게 황당한데 재미있는 아이디어네요. 한 사람이 동시에 두 개의 시점에서 무언가를 보는 건 사실 불가능한 일이잖아요.

E 불가능하지.

M '그림은 속임수다'라고 하시더니 정말 보는 사람들의 눈을 감쪽같이 속이시네요.

E 이번엔 〈볼록과 오목〉이란 판화를 보자.

M 볼록과 오목이라…
혹시 선생님이 아까 동그랗게 그려놓고 음영을 넣으면 볼록으로도 보이고 오목으로도 보인다는 게 작품 가운데 아래 있는 조개껍데기 같은 걸 말씀하신 거예요?

〈높고 낮음〉
(High and Low, 1947)

2층 천장에서 내려본 모습

1층에서 올려본 모습

〈볼록과 오목〉(Convex and Concave, 1955)

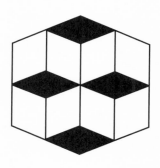

E 그런 종류라고 할 수 있지.

M 가만 보니 판화 제목처럼 볼록하게 보이는 곳도 있고 오목하게 보이는 곳도 있네요. 전체 그림이 되게 복잡해 보이는데 도대체 어떻게 보고 이해해야 할까요?

E 저 그림 안에 힌트가 있단다.

M 그림 안에요?

E 오른쪽 위에 걸려 있는 깃발을 잘 보거라.
그 깃발 안에 뭐가 그려져 있는지를 알면 전체 그림을 해석할 수 있을 거야.

M 깃발 안에 세 개의 정육면체 그림이 있는데요?

E 그 정육면체를 잘 보면 두 가지 모양으로 보일 거다.

M (혼자 중얼거리면서) 이렇게 보면 검정색 네모가 윗면인 정육면체가 되고, 또…
오~~ 검정색 네모가 아랫면인 정육면체로도 보이네요.

E 일종의 착시 그림이지.

M 저런 착시의 원리가 이 판화 그림 전체에 적용된 거군요. 그럼 제가 찾아볼게요. 이 판화에 어떤 비밀이 숨어 있는지요.

E 그래~ 발견하는 즐거움을 한번 느껴 보거라.

M (한참을 바라보다가) 정확하게 똑같지는 않지만 왠지 이 그림은 가운데를 중심으로 양쪽이 대칭인 거 같아요. 아래쪽의 도마뱀도 그렇고 양옆 계단도 그렇구요.

E 그림 양 끝에 사다리를 보겠니?

M 둘 다 사람이 올라가고 있는 모습인데 뭔가 좀 다르네요. 왼쪽은

올라가서 건물 바깥 마당에 도착하고 오른쪽은 건물 내부로 들어가잖아요.

E 피리 부는 소년도 한번 보려무나.

M 피리를 불고 있는 소년이 두 명 있네요. 가운데를 중심으로 세로선을 그으면 오른쪽에 한 명, 왼쪽 위에 또 한 명이 있어요.

E 그 둘의 모습을 비교해봐라. 뭐가 다른 것 같니?

M 사실 생김새만 보면 둘은 같은 사람 같아요. 그런데 가운데 오른쪽 소년은 지붕 아래 건물에서 피리를 불고 있고, 왼쪽 위 소년은 지붕 위를 바라보며 피리를 불고 있어요.

E 그 두 소년은 건물 안에 있는 걸까? 밖에 있는 걸까?

M 건물 안에 있는 거 아니에요? 둘 다 창문 안쪽에서 바깥쪽을 바라보며 피리를 불잖아요. 지붕을 바라보면서 피리를 부는 소년을 보세요.

E 그렇다면 창문 밖은 항상 외부일까? 창문 바깥이 내부가 될 수는 없는 걸까?

M 자꾸 이상한 질문을 하시네요. 아니 어떻게 창문 바깥이 내부가 돼요? 만약 그렇게 된다면 두 소년은 창문의 바깥인 외부에서 안을 바라보며 피리를 부는 게 되는 거잖아요.

E 관점을 바꿔서 그림을 다시 한번 잘 봐라. 소년이 창문 바깥에 서서 안쪽을 바라보며 피리를 부는 것으로도 보이지 않니?

M 어! 진짜 그런 것도 같네요. 지붕을 바닥이라고 생각하고 보니까 벽과 벽 사이의 모퉁이가 갑자기 쑥 들어가면서 건물 내부처럼 보여요. 정 가운데 서 있는 기둥도 아까는 외부에 서 있는 것처

럼 보였는데 지금은 건물 내부의 기둥으로 보이구요. 진짜 신기한데 어떻게 이럴 수가 있죠?

E 아까 봤던 정육면체 착시에서도 어떻게 보느냐에 따라 까만색 네모가 윗면으로도 보이고 아랫면으로도 보였잖니. 이것도 그런 원리야.

M 아까 말씀하신 대로 깃발 안에 있는 착시 그림이 이 그림의 힌트군요. 그러고 보니 맨 아래 도마뱀들도 같은 계단에서 서로 다른 움직임을 보이고 있어요.

E 어떻게 말이냐?

M 왼쪽 도마뱀은 계단을 오르고 있는데, 오른쪽 도마뱀은 계단을 내려가고 있잖아요. 분명 같은 계단인데 말이죠.

E 그뿐이냐? 도마뱀 바로 위의 평평한 면도 보거라.

M 가운데 조개껍데기 같은 그림이 있는 그 평면 말씀이시죠?

E 그래.

M 여기도 분명 같은 평면인데, 조개껍데기를 중심으로 왼쪽에는 어떤 사람이 바닥에 앉아 벽에 기대어 자고 있고 오른쪽에는 도자기로 만든 것 같은 천장 장식이 매달려 있어요. 그렇다면 이 평면은 바닥이면서 동시에 천장인 거네요.

E 그런 거지.

M 아까 〈높고 낮음〉에서도 바닥이 천장이 되도록 그리셨잖아요. 거기서는 2점 투시를 사용하셨고 그 두 개의 시선을 합쳐서 만드셨는데, 이번에는 착시를 이용해서 만드셨군요.

E 관찰력만 좋은 게 아니라 분석력도 좋은데? 조금 더 세밀하게 분

바깥 모습(왼쪽)　　바깥이면서 안쪽인 모습(가운데)　　안쪽 모습(오른쪽)

석하려면 그림을 이렇게 세 부분으로 나눠서 보는 게 좋을 거다.

M　그림 안에 있는 세 개의 집을 중심으로 나눴나 봐요. 나누고 보니 가운데를 뺀 나머지 두 부분이 정말 대칭으로 보이네요. 왼쪽은 외부, 오른쪽은 내부 이렇게요.

E　그렇단다. 네 말처럼 외부와 내부는 대칭의 모습으로 그렸지.

M　그냥 대칭이 아니라 같은 대상이나 장면을 다른 관점에서 그린 거 같은데요? 사다리를 타고 올라가는 사람도 그렇고, 집의 모습도 그렇고. 바깥쪽을 그린 게 왼쪽이고 안쪽 모습을 그린 게 오른쪽 같아요.

E　바구니를 든 여인이 걸어오는 길도 왼쪽은 외부에서 보이는 것

처럼 그렸고, 오른쪽은 내부로 들어가 있는 것처럼 그렸지.

M   그렇다면 지금 이 그림에서는 안 보이지만 그림 오른쪽에서는 바구니를 든 여인이 내부의 길을 따라 걸어가고 있겠네요. 마을 풍경이 보이는 아치형 기둥을 지나가면서요.

E   그렇겠지?

M   가운데 부분도 아까보다는 분명하게 보이는 거 같아요. 내부로 보였다가 외부로 보였다가 하거든요. 그런데 혹시 가운데 집을 다시 반으로 나눠서 보면 어떨까요?

E   한번 그렇게 해볼까? 반씩 가리고 보자꾸나.

M 또 이렇게 나눠놓고 보니까 각각의 부분은 안쪽 아니면 바깥쪽으로 정확히 구분되는 거 같아요.

E 안쪽이 바깥쪽이 되거나 바깥쪽이 안쪽으로 보이지는 않는다는 말이지?

M 네. 이젠 뭔가 좀 분명해 보여요. 왼쪽의 도마뱀은 계단을 올라가다가 자고 있는 사람을 지나 계단을 오를 수 있잖아요. 오른쪽의 도마뱀은 계단같이 생긴 벽을 타고 올라가다가 천장에 닿을 거고 그 천장 반대편 바닥에는 건물 내부를 따라 올라가는 계단이 있는 거죠.

E 내 판화를 이렇게까지 분석하면서 보다니. 아주 놀랍구나.

M 가만 보니 이 판화의 아이디어도 정말 기가 막히네요.

E 뭐가 말이냐?

M 아까 〈높고 낮음〉에서는 위와 아래에서 동시에 볼 수 있는 것처럼 그리셨잖아요. 그런데 〈볼록과 오목〉에서는 안과 밖에서 동시에 보는 것처럼 그리셨어요.

E 동시에 보는 것이 불가능한 두 개의 시각을 합쳤다는 게 두 작품의 공통점이겠구나.

M 이런 게 선생님 작품의 매력인가 봐요. 볼 때마다 새로운 게 보여서 계속 쳐다보게 돼요.

그럼 그 오르고 또 오른다던 계단 그림도 보여주세요.

E 그건 지금 안 보여주련다.

M 어! 왜요?

E 지금 다 보여주면 재미없잖니.

M 아휴~ 개구쟁이 선생님. 장난치지 마시구요.

말은 그렇게 하셔도 어차피 보여주실 거잖아요.

E 허허허~ 역시 장난은 언제나 재미있구나.

뭐~ 때가 되면 보여주겠지만 일단 오늘은 아니란다.

M 그럼 다른 거라도 보여주세요.

E 다른 거?

(뒤적거리다가) 이건 어떠냐?

― 세 개의 중력이 있는 상상 공간 ―

M 이건 제목이 뭔가요?

E 〈상대성〉이라는 판화란다.

M '상대적으로 크다, 상대적으로 어렵다' 할 때의 그 '상대' 말이죠?

E 그렇지.

M 그럼 서로 다른 대상들을 비교하는 의미의 판화겠네요?

E 어이쿠~ 판화의 핵심을 벌써 간파한 거 같구나.

M (우쭐대며) 이제야 제 능력을 좀 알아봐주시는군요. 히히~

E 그럼 이번 그림에서도 네가 뭔가를 찾아보겠니?

M 그래 볼까요?

(고개를 이리저리 돌리면서) 하나, 둘, 셋, 넷, …

E 지금 뭐 하는 거냐?

〈상대성〉(Relativity, 1953)

M 같은 방향으로 서 있는 사람의 수를 세는 중이에요.

E 그래? 어떻게 세길래 그렇게 고개를 자꾸 돌리는 거냐?

M 이 그림 속에 사람들을 보면 세 개의 방향이 있다는 걸 알 수 있어요. 각각의 방향은 공간을 이루는 세 개의 축을 따라 있어서 서로 수직이구요.

E 그렇구나. 방향별로 세는 게 쉽지 않을 텐데?

M 그래서 그림을 돌리듯이 고개를 돌리며 세고 있던 거예요. 그러면 같은 방향으로 서 있거나 앉아 있는 사람을 찾아내기가 쉽거든요.

E 괜찮은 아이디어구나. 그래, 세보니 몇 명씩 있더냐?

M 사람 수 세는 게 생각보다 쉽지 않으니까 일단 기준이 되는 사람

을 정하는 게 좋을 거 같아요.

먼저 그림 가운데 있는 도둑 같은 사람을 ①번이라고 할게요.

E 짐 보따리를 걸쳐 메고 가는 게 진짜 도둑 같아 보이는구나. 그럼 그 사람과 같은 방향에 있는 사람들을 먼저 세는 거냐?

M 아니요. 다른 방향에 있는 사람들도 기준을 정해줘야죠. 잘 보시면 ①번 왼쪽으로 수직 방향 의자에 앉아 있는 사람이 하나 있어요. 그 사람을 ②번이라고 할게요. 그리고 역시 ①번 오른쪽 계단을 보면 수직 방향으로 걸어 내려오는 사람이 있어요. 그 사람을 ③번이라고 약속해요.

E 기준이 되는 사람을 정하고 번호를 붙이는 것도 마음에 드는구나. 그래서 다 세보니 몇 명이더냐?

M ①번 방향으로 서 있거나 앉아 있는 사람은 6명이고, ②번과 ③번 방향으로는 각각 5명씩이 있었어요.

E 그런데 사람 수는 왜 센 거냐?

M 예전에 김홍도라는 조선 시대 화가의 그림을 본 적이 있거든요. 작품 제목이 〈씨름〉인데, 그 그림 속 사람 수에 어떤 의미가 있다고 그랬어요.

E 사람 수에 무슨 의미가 있다는 거지?

M (검색해 그림을 보여주며) 여기 보세요. 가운데 씨름하는 사람이 두 명 있고, 그 주변으로 구경꾼들이 있잖아요.

E 네모난 나무 판에 뭔가를 들고 파는 사람도 있구나.

M 엿 파는 장수 같은데, 신나는 구경이니까 그런 사람도 있어야겠죠? 암튼 중요한 건 그게 아니에요. 가운데 씨름꾼들을 중심으

8명　　　　　5명

〈씨름〉(김홍도)

5명　　　　　2명

로 가로, 세로 수직선을 그려보세요.

E　나보고 그리라구? 대충 그려보면 이렇게 되겠구나.

M　이제 네 개로 나누어진 부분에 각각 몇 사람이 있는지도 세어보
세요.

E　왼쪽 위에는 8명, 오른쪽 위에는 5명, 그리고 오른쪽 아래에는 2
명인 거 같은데, 아래 왼쪽은 몇 명인 거냐? 그 엿장수라는 사람
하고 세로축에 걸쳐 있는 사람 때문에 헛갈리는구나.

M　엿장수는 머리 부분만 빼고 몸 전체가 왼쪽 아래 있으니까 포함
시키구요, 세로축에 걸친 사람도 왼쪽 아래 앉은 사람들과 일행

인 것처럼 보이니까 역시 포함시켜요.

E 하긴 세로축에 걸친 사람의 위치가 오른쪽 2명과는 확실히 구분되는구나.

그런데 그 숫자들이 도대체 무슨 의미가 있다는 거냐?

M 보시면 '꽉' 하고 느낌이 안 오세요?

E 안 오는데? 숫자를 보고 도대체 무슨 느낌을 받으라는 건지 모르겠구나.

M 아이참~ 잘 보시면 대각선에 있는 두 수의 합이 같잖아요.
8 더하기 2는 10, 5 더하기 5도 10이니까요.

E 그게 뭐 어때서? 그리다 보면 그렇게 될 수도 있지.

M '그렇게 될 수도 있다'라는 말씀이 중요해요. 그 말은 화가가 자신도 모르게 균형미를 추구한다는 걸 의미하거든요. 이성적으로 생각하고 계산하기보다 감각적, 직관적으로 느끼고 배치하는 거죠.

E 그 김홍도라는 화가가 그렇게 말했더냐?

M 그분이 말을 하진 않았죠. 대부분의 예술 작품들이 그렇듯이 후대 사람들이 그 그림을 이리저리 분석하며 만든 이야기니까요. 선생님 작품도 그렇잖아요.

E 그렇지. 그런데 갑자기 이 작품의 사람 수는 왜 얘기한 거지?

M 이 작품에서처럼 선생님 작품에서도 사람 수를 보니까 왠지 균형을 맞춰서 그린 거 같아서요. 세 방향으로 그린 사람 수가 각각 6명, 5명, 5명이었잖아요.

E 어이쿠~ 이런! 나는 사람 수까지 세면서 보는 관람객이 있을 거

라고는 생각한 적이 없는데… 정말 놀랍구나.

M 그래요? 저는 무엇을 보든지 개수부터 세는 버릇이 있거든요.

E 너에겐 그림의 의미보다 숫자가 먼저 다가왔구나.

M 하긴 선생님에게는 작품의 의미가 먼저일 텐데… 저는 그런 생각도 없이 그냥 사람 수만 열심히 셌네요.

E 그럴 수도 있지. 사람마다 중요하게 생각하는 게 다르니까.

M 그런데 이 작품에서 사람들은 왜 세 방향으로 존재하는 거예요? 우리는 모두 한 방향으로 서서 살아가잖아요.

E 우리가 살아가는 그 하나의 방향은 어떤 방향이라고 할 수 있겠니?

M 음… 지구 중력의 반대 방향?

E 그렇지. 그렇다면 그 중력이라는 것을 무시해보면 어떨까?

M 중력을 어떻게 무시해요? 지구를 떠나 아예 다른 행성으로 가면 모를까.

E 그거 좋은 생각이구나. 아예 다른 행성으로 가는 상상.

M 그럼 그 행성에서는 중력이 없는 거예요?

E 아니. 중력이 여러 방향으로 존재하는 거지.

M 중력이 여러 방향에서 존재한다구요? 저 그림에서는 세 방향으로 존재하잖아요.

E 우리가 살고 있는 세상이 3차원 공간이잖니. 그러니까 방향을 세 개로 잡는 게 좋겠지.

M 하긴 4차원 이상은 본 적도 없고 상상할 수도 없으니까 결국 2차원 평면에 담아낼 수 있는 공간은 기껏해야 3차원 정도겠네요.

E 그래서 세 방향의 중력을 상상하면서 이 〈상대성〉이라는 작품을 만들어봤지. 막상 해보니 꽤 즐겁더구나.

M 아~ 이것도 선생님의 수많은 놀이 중 하나였군요.

E 그렇단다.

M 그런데 만약 중력이 세 방향으로 작용한다면 뭔가 이상한 일이 생기지 않을까요?

E 예를 들면 어떤 일?

M (그림 속 두 사람을 가리키며) 여기 이 두 사람을 보세요. 한 사람은 내려가고 있는데 또 한 사람은 올라가고 있잖아요.

그럼 같은 계단을 서로 다른 방향으로 올라가게 되겠네요? 이 두 사람은 서로를 보면서 이상하다고 생각하지 않을까요?

E 그 두 사람은 서로의 존재를 모른단다.

M 네? 같은 계단 위에 있는데 어떻게 서로를 모를 수 있어요?

E 두 사람은 서로 다른 세상에 살고 있거든. 서로 다른 방향의 중력을 가지고 있는 세상이라서 수평, 수직의 개념이나 존재에 대한 인식 자체가 다르단다.

M 선생님의 상상 속에서만 존재하는, 그야말로 새롭게 창조된 세상이군요.

E 그렇다고 할 수 있지.

M 비밀 정원을 혼자서 걷고 있는 것 같다고 하시더니만 이런 상상의 세계를 만들고 혼자 노셨던 거네요.
   혹시 이런 상상을 누군가와 얘기해보신 적 있으세요? 지난번에 사람들과 소통하고 싶다고 하셨잖아요.

E 대화가 아니라 그림으로 소통했지.

M 어! 이 그림 속 상상의 세계를 이해한 사람이 있었다구요?

E 사실 별로 기대는 안 했단다. 이 그림을 누가 이해할 수 있을까 싶었거든. 그런데 그런 사람이 아예 없는 건 아니더구나.

M 저런 말도 안 되는 상상을 이해하는 사람이 있었다니…
   도대체 그 사람이 누구예요?

E 로저 펜로즈(Roger Penrose)라는 수학자였단다.

M 펜로즈 삼각형을 만든 그 펜로즈 박사님요?

E 그렇단다.

M 대박! 그분은 어떻게 만나신 거예요?

E 그 얘기는 내일 아침 산책 시간에 하는 게 어떻겠니?

지금 시작하기엔 너무 긴 얘기가 될 거 같구나.

M 힝… 아쉽지만 기다려야겠네요.

E 그럼 이쯤에서 점심을 먹어야겠지?

M 아! 벌써 점심 먹을 시간이군요. 선생님이랑 있다 보면 저도 자꾸

시간을 까먹어요. 아무래도 점점 선생님을 닮아가는 거 같아요.

E 요 녀석! 내 핑계 대기는…

M 어서 가서 맛있는 점심 먹어요.

E 허허허~ 그러자꾸나.

점심 식사를 마친 에서 선생님은 잠시 쉬었다가 보자고 하신다.

'혹시 어제 내가 쉬지도 않고 바로 작업실로 간다고 투덜대서 그런 가?'

이유를 곰곰이 생각하던 마르코는 금세 생각을 떨쳐버린다. 이유가 어떻든지 간에 나른한 오후에 휴식을 취할 수 있게 된 건 정말 잘된 일 이니까.

— 자연의 규칙성에서 찾은 다면체 —

M (기지개를 켜며) 선생님, 지금 몇 시예요?

E 3시가 좀 넘었구나.

M 깜빡 잠들었는데 벌써 시간이 그렇게 되었네요. 저희 오후에도 판화 보나요?

E 그래야겠지?

M 아… 네덜란드에 계실 때는 판화 작업에 매진하셨다더니 그림을 보면서 하는 여행도 그 속도에 발맞춰가네요.

E 너도 여기에 있을 시간이 얼마 없는데 부지런히 보고 가야 하지 않을까?

M 어! 이제 이틀 남은 건가요? 안 되겠다. 빨리 시작해요.

E 허허~

M 저희 이제 어떤 판화를 보나요?

E 오전에 상대성에 대한 판화를 봤지?

M 〈높고 낮음〉이랑 〈볼록과 오목〉도 봤어요.

E 그렇다면 이번에는 다면체에 대한 판화들을 보여줘야겠구나.

M 다면체요? 이번엔 주제부터 완전히 수학이네요?

E 그렇지.

M 다면체에 대한 관심은 또 어떻게 생기셨어요?

E 자연에 있는 규칙성을 찾다 보니 그렇게 된 것 같구나.

M 자연에 있는 규칙성요? 그런 게 눈에 보이나요?

E 혹시 광물이나 어떤 물질의 결정을 본 적이 있니?

M 박물관에서 여러 가지 모양의 광물을 본 적이 있어요. 눈의 결정 같은 건 과학 교과서에서 봤구요.

E 아름답지 않더냐?

M 아름답죠. 광물 중에는 보석으로 다시 태어나는 것들도 많잖아

광물   눈의 결정

요. 루비나 사파이어, 다이아몬드처럼요.

E 그렇지. 생각해보면 결정들은 하나하나가 정말 놀라운 존재란
다. 그것들은 인류의 역사와는 비교가 안 될 만큼 훨씬 오래전부
터 지구 어딘가에서 자라나고 있었거든.

M 우리는 그것들을 단지 발견했을 뿐이구요.

E 발견을 하면서 비로소 그런 모양이 있음을 인식하게 된 거지.
내가 결정에 매료되었던 이유가 바로 그 모양 때문이었단다. 결
정마다 가지고 있는 고유한 형태나 규칙성. 그런 것들이 생겨날
수밖에 없었던 필연적인 이유가 분명 있었을 테니까. 그런 생각
을 하다 보면 광물과 결정의 매력에 푹 빠져들게 되거든.

M 어떤 형태나 규칙성이 생겨날 수밖에 없는 필연적인 이유요?

E 각각의 결정 안에는 우리가 모르는 자연의 원리나 섭리가 숨어
있을 거다. 기회가 되면 정육면체 같은 결정 모양을 한번 자세히
들여다보거라. 잘 보면 그 자체로 아주 놀라운 아름다움과 매력
이 있으니까 말이다.

정육면체 모양의 결정

M 정육면체는 너무 단순하지 않나요?

E 더 복잡한 모양도 얼마든지 있지. 필요하다면 우리가 그 모양을 더 복잡하게 만들 수도 있겠구나.

M 우리가 정육면체를 더 복잡하게 만든다구요? 어떻게요?

E 예를 들어 두 개의 정육면체를 하나의 꼭짓점에서 만나도록 연결시킬 수 있지. 아니면 서로를 꿰뚫게 겹쳐서 만들 수도 있고.

M 네? 무슨 말인지 모르겠는데요?

E 안 되겠다. 이 판화를 보자.

— 정다면체를 이용한 에셔의 다면체 —

M 오~~ 다면체 천지네요. 가운데 있는 커다란 다면체에는 파충류

〈별〉(Stars, 1948)

같은 두 마리의 동물이 꽉 차게 들어가 있어요. 주변 공간에도 다양한 형태의 다면체들이 둥둥 떠다니구요.

E 〈별〉이라는 작품이란다.

M 저 그림에서 보이는 다면체들이 모두 별인가 봐요.

E 우리가 보는 밤하늘의 별은 아주 작은 점으로만 보이잖니. 그런데 그 별들을 실제로 가까이서 보면 어떤 모양일까?

M 둥그런 구 모양 아닐까요? 태양이나 달도 그렇고, 다른 행성들도 모두 구 모양이잖아요.

E 저런 모양일 수도 있지 않을까? 아니면 그냥 저런 모양이라고 상상하면 되지.

M 하긴 뭐~ 태양계 너머에 있는 끝없이 먼 세상을 보고 온 사람은 아무도 없으니까. 그렇게 상상해도 반박할 사람이 아무도 없을 거 같은데요?

E 너도 점점 나를 닮아가는 것 같구나. 그런 엉뚱한 상상을 아무렇지도 않게 받아들이는 걸 보니 말이다. 허허~

M 이제 이 정도는 그냥 그럴 수도 있겠다고 생각되네요. 그런데 가운데 있는 제일 큰 별에 사는 저 이상한 생명체는 뭐예요? 혀를 내밀고 꼬리로 다면체의 모서리를 꼭 붙잡고 있는 게 마치…

E 마치 뭐 같으냐?

M 이구아나? 아니면 카멜레온?

E 카멜레온이란다. 저런 별에서 살아남으려면 다면체의 뼈대를 꼭 붙잡을 수 있는 다리와 긴 꼬리가 필요하잖니. 그런 형태의 동물이 뭐가 있을까 찾다 보니 카멜레온이 제일 적합해 보이더구나.

M 그런데 별의 모양이 뭔지 모르겠어요. 학교에서 제가 배운 정다면체랑은 모양이 많이 다르거든요.

E 정다면체가 뭔지는 알고 있니?

M 아이참! 당연하죠. 다면체 중에서도 제일 완벽한 모양들이잖아요.

E 조금 더 자세히 설명해 보겠니?

M 정다면체는 모든 면이 합동인 정다각형이면서 동시에 한 꼭짓점에 모인 면의 개수가 똑같다는 조건을 만족시키는 입체도형들이에요.

E 그런 조건으로 만들 수 있는 입체도형에는 어떤 것들이 있지?

M 정사면체, 정육면체, 정팔면체, 정십이면체, 그리고 정이십면체가 있어요.

E 그 도형들을 면의 모양으로 분류할 수 있을까?

M 음… 정사면체, 정팔면체, 정이십면체는 모두 정삼각형으로만 둘러싸여 있어요. 그리고 정육면체는 모든 면이 정사각형이고, 정십이면체는 정오각형으로만 되어 있어요.

E 한 꼭짓점에 모인 면의 개수도 말해보렴.

M 정사면체, 정육면체, 정십이면체는 한 꼭짓점에 세 개의 면이 모여 있어요. 그리고 정팔면체는 네 개, 정이십면체는 다섯 개씩 모여 있죠.

E 일단 기본은 알고 있구나.

M 엇! 지금 저 테스트 하신 거예요?

E 내 작품 속에 있는 다면체를 이해하려면 그 정도는 알아야 시작할 수 있거든.

	정사면체	정육면체	정팔면체	정십이면체	정이십면체
입체의 모양					
면의 모양	정삼각형	정사각형	정삼각형	정오각형	정삼각형
한 꼭짓점에 모인 면의 개수	3개	3개	4개	3개	5개

M 그럼 〈별〉의 가운데 있는 큰 별도 정다면체에서 출발한 거예요?

E 그렇단다. 정팔면체 세 개를 겹쳐서 만든 거지.

M (한참을 바라보다가) 아… 겨우 이해했어요.

위로 뾰족한 정팔면체 하나를 세워놓고 다른 정팔면체 두 개를 두 방향에서 조금 삐딱하게 끼워 넣은 거네요.

E 조금 전에 다면체를 어떻게 더 복잡하게 만드는지 설명했던 거 기억나니?

M 이해를 못 해서 그런가 기억이 안 나네요. 헤헤~

E 저건 정팔면체 세 개가 서로를 꿰뚫는 방식으로 만들어진 거란다.

M 아~ 서로 꿰뚫으면서 만나도록.

E 또 다른 방식은 하나의 꼭짓점에서 만나도록 돌리면서 연결한 거야.

M (중얼거리며) 하나의 꼭짓점에서 만나도록 돌리면서…

말씀하신 그 두 가지 방식을 기억해둬야겠네요.

E 그렇다면 이번엔 그 두 가지 방법을 떠올리면서 〈별〉 그림 속 다

른 다면체들을 보자꾸나. 혹시 어떻게 변형해서 만든 건지 알 만
한 도형이 있을까?

M 저렇게 많은 데서 찾으라구요? 너무 많아서 어디서부터 봐야 할
지 모르겠어요.

E 쉬운 것부터 시작해봐라. 저 안에는 네가 알고 있는 정다면체들
도 모두 종류별로 들어가 있거든.

M 그럼 정다면체부터 찾아봐야겠네요.
(끙끙거리며) 모든 면이 하나의 정다각형으로 만들어져 있어야
하니까 복잡해 보이는 것들은 일단 빼고…

E (투명 종이를 판화 위에 올려주며) 이 위에 색깔 있는 펜으로 표시
해도 된단다.

M 아하! 투명 종이 좋네요.
그럼 한 가지 다각형으로만 만든 다면체는 빨간색으로, 두 개 이
상의 다면체가 결합된 건 노란색으로 일단 구분 지어 표시할게요.

E 허허허~ 나 때문에 고생이구나.

M 갑자기 오기가 생겼어요. 다 찾고야 말리라!!

마르코는 심각한 표정을 하고 펜으로 탁자를 톡톡 쳐가며 한참 동안
고심한다. 그리고 빨간색과 노란색 펜으로 천천히 동그라미를 치면서
번호를 적어나간다.

M 일단 제 눈에 보이는 건 다 찾았어요.

E 그럼 하나씩 설명해 보겠니?

M 정다면체를 먼저 찾아보면 빨간색 ①번이 정사면체고, ②번은 정육면체예요. ③번이 정팔면체, ④번은 정십이면체, 마지막으로 ⑤번이 정이십면체구요.

E 아주 작게 그렸는데도 잘 찾았구나. 혹시 또 찾은 게 있을까?

M 빨간색 ⑥번 다면체는 마름모로만 만들어진 거 같은데 면이 몇 개인지 모르겠어요.

E 입체도형을 평면에 그려놓고 보다 보면 아무래도 상상하기가 쉽지는 않지? 저 다면체의 면은 모두 12개란다.

M 그럼 저 입체도형의 이름은 마름모십이면체겠네요?

E 그렇지. 다면체 이름은 면의 모양과 개수에 의해 만들어지니까. 그럼 혹시 두 개 이상의 다면체가 결합된 것들 중에도 아는 게 있을까?

M 두 개 이상의 다면체로 만든 입체들은 노란색으로 동그라미를 쳤으니까 노란색 번호를 보시면 돼요. 먼저 ①번은 정사면체 두 개가 서로를 통과하면서 만들어진 모양 같아요. ②번은 정육면체 2개가 한 꼭짓점에서 만나면서 생긴 거 같구요. 맞죠?

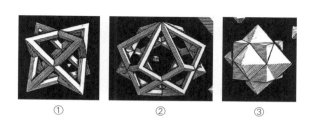

① ② ③

E 잘했구나. 그럼 ③번도 알아보겠는데?

M 음… 정육면체랑 정팔면체가 만난 거네요. 서로를 통과하면서 말이죠.

E 제법이구나.

M 그런데 ④번부터 ⑦번까지는 뭔지 모르겠어요. 복잡하게 생겼는데 크기도 작아서 알아보기가 너무 어렵거든요.

E 힌트를 하나 주랴?

M 네.

E ④번부터 ⑦번까지의 다면체는 뼈대만 있는 게 아니라 속까지 채운 모습이란다.
그러니까 ①번이나 ②번과는 달리 ③번처럼 그려진 그림인 거지.

M 그게 힌트예요? 어떤 모양인지 알아보는 데는 별 도움이 안 되는데요?

E 그래? 그럼 어떤 힌트를 줘야 하나?

M 뼈대만 그린 그림은 다면체의 구조가 잘 보이는데 속까지 채운 다면체는 구조가 안 보이니까 상대적으로 더 어려운 거 같아요.

E 이런 힌트는 어떠냐? ⑦번은 ①, ②, ③번 중 하나와 같은 다면체란다.

M 엇! 그 힌트 좋네요. 잠깐만요.

(한참 바라보다가) 그럼 ⑦번은 ①번처럼 두 정사면체가 겹친 형태인가 봐요. 왠지 겉모양이 비슷하게 생겼거든요.

⑦

E 맞았구나.

M 그럼 나머지는요?

E 어쩔 수 없이 답을 알려줘야겠구나. ④번은 가운데 큰 별과 같은 모양이란다. 세 개의 정팔면체가 겹쳐진 형태지. 그리고 ⑤번은 ②번과 같은 모양을 뒤집어놓은 거란다. 두 개의 정육면체가 아래쪽의 한 꼭짓점에서 만나면서 돌아가고 있는 거지.

M 어! ④번과 가운데 큰 별은 정말 같은 모양이네요. 가운데 큰 별

가운데 큰 별

④

②

⑤

을 축소시킨 다음 속 안을 채우면 ④번이 돼요. 그리고 ⑤번도 ②번과 같은 모양이군요. 다면체의 속을 채운 다음 회전을 시키는 바람에 다른 모양처럼 보였던 거예요.

E 나는 저 도형들을 연구하느라 아주 오랜 시간을 들였는데, 너는 별로 어렵지 않게 이해하는구나.

M 어렵지 않게 이해하고 있다니요. 저 지금 머리가 터질 거 같아요. 더구나 선생님은 세상에 없던 도형을 새롭게 만들어내신 거고, 저는 단순히 눈앞에 있는 도형들을 보고 이해만 하는 건데 그 둘이 어떻게 같을 수가 있겠어요.

E 그런가?

M 그럼요. 그리고 아직 안 끝났어요. 저기 노란색 ⑥번 다면체요. 그건 또 어떤 모양이에요?

E 저건 육팔면체라는 거란다.
정육면체나 정팔면체의 꼭짓점을 깎아서 만들 수 있지.

육팔면체

M 와~ 선생님은 완전 다면체 박사네요. 어떻게 이런 걸 다 아신 거예요? 그리고 어떻게 저런 다면체의 구조를 다 그려내실 수 있던 거구요? 저는 너무 복잡해서 상상도 잘 안 되거든요.

E 나름 연구를 많이 했지. 다섯 개의 정다면체가 서로 어떻게 결합

되는지를 기억하기 위해 입체 모형들을 직접 만들고 작업실에 걸어두었거든.

M 그 모형들은 다 어디 있어요?

E 라런(Laren)으로 이사를 가면서 헤이그 시립 미술관에 모두 기증을 했단다. 그래서 지금은 보여줄 수가 없구나.

M 아… 아쉽네요. 아무튼 선생님이 일일이 모형을 제작하고 그걸 보면서 그렸다는 거잖아요.

E 그렇지. 내가 그림에는 별로 소질이 없어서 말이야. 그래서 상상만 해서는 그려내질 못해. 다면체든 풍경이든 그것이 눈앞에 있어야 그나마 보면서 따라 그릴 수 있으니까.

M 그림에 소질이 없으시다구요? 저는 그 말씀에 동의할 수가 없습니다.
석판화로 그려진 선생님의 풍경화들을 보세요. 그림에 소질이 없는 사람이 어떻게 그런 작품들을 그려낼 수가 있어요?

E 그런 것들도 모두 보면서 따라 그린 거라니까.

M 따라 그리는 것도 능력이고 실력이죠. 어디 가서 그림에 소질이 없다는 말씀은 하지 마세요. 어차피 아무도 안 믿을 테니까요.

E 허허허~ 녀석. 알았다. 알았어.

M 어쨌든 다면체에 대한 부분은 인정합니다. 연구를 얼마나 많이 하셨는지는 이 작품 하나만 봐도 충분히 알 수 있으니까요.

E 이 정도면 중학생 수준은 되겠지?

M 그 이상이죠. 제가 도형은 좀 잘하는 편인데도 선생님 작품 속 다면체들은 이해하기 어려웠어요. 처음 본 것들도 많았구요.

E 허허허~ 학교 다닐 때 수학을 워낙 못해서 그런지 칭찬을 들으면 왠지 좀 어색하구나.

─ 혼돈 속 아름다움을 찾아서 ─

M 선생님. 저 궁금한 게 두 가지 있어요.

E 두 가지나? 뭐가 궁금하냐?

M 하나는 다면체 같은 것들을 작품에 넣으시는 진짜 이유가 뭘까 하는 거예요.

사람마다 기준은 다르겠지만 보통은 저렇게 하나 가득 다면체가 그려진 작품을 멋지다거나 아름답다고 말하지는 않을 거 같아서요.

E (작게 한숨을 쉬며) 아하… 그럴 수 있겠지.

혹시 아까 내가 결정 속에는 자연의 이치가 들어 있다고 했던 말 기억나니?

M 그럼요.

E 내가 판화 속에 결정이나 다면체들을 넣은 이유가 바로 그거란다. 자연과 세상의 이치를 말해주고 싶었거든.

M 그 이치란 게 어떤 건데요?

E 우리가 살아가는 세상을 한번 둘러봐라. 마치 형태를 잃어버린 물질처럼 복잡하고 혼란스러워 보이지 않니? 그렇지만 그 복잡하고 혼란스러운 모습을 잘 들여다보면 그 속에서도 아름다움

과 질서정연함을 발견할 수 있지.

M 아… 그런 의도셨군요.

E 내 작품 중에 〈질서와 혼돈〉이 있단다. 그 판화의 가운데를 보면 별처럼 뾰족해진 십이면체가 투명한 구에 둘러싸여 있거든. 그리고 그 주변에는 온갖 종류의 쓸모없고 부서진 물건들이 널브러져 있어.

M 잠깐! 저 알 거 같아요. 가운데 있는 구와 별로 된 십이면체는 질서와 아름다움을 상징하는 거 아닌가요? 주변에 부서진 물건들은 혼돈을 의미하구요.

E 그렇지. 질서와 혼란은 서로 대비되는 개념 같지만 함께 존재할수밖에 없거든. 빛과 어둠, 하늘과 땅, 천사와 악마처럼 말이다. 어쩌면 혼란이 있기 때문에 질서가 아름답게 느껴지는 것일지도 모르겠구나.

M 그렇다면 규칙적인 다면체들로 가득한 〈별〉이라는 작품은 지극히 순수하고 아름다운 모습을 표현하신 거겠네요.

E 그렇게 보이니?

M 네.

E 또 하나 궁금하다던 건 뭐냐?

M 오늘 본 작품들을 보니까 만들어진 시기가 이상해서요.

E 뭐가 이상하다는 거냐?

M 아침에는 상대성에 관한 판화들을 보고 오후엔 다면체에 관한 판화를 봤잖아요. 그런데 〈별〉이라는 작품이 상대성 판화들보다 먼저 만들어진 거 같던데요?

〈질서와 혼돈〉(Order and Chaos, 1950)

E 아주 예리한 지적이구나. 사실 내 작품을 시간 순서대로 정리한 다음에 어떤 흐름이 있는지 찾아보는 건 쉽지 않은 일일 거다. 큰 맥락은 알 수 있겠지만 주제별로 정확하게 나뉘지 않을 때가 많을걸?

M 왜요?

E 여러 가지 주제를 동시에 생각할 때가 많았기 때문이란다. 결정학자와 수학자들을 알게 된 후에 특히 더 그랬지. 그동안 고민해왔던 주제들이 명확해지면서 정리해야 할 것들이 갑자기 많아졌거든.

M 한꺼번에 여러 가지 주제를 생각하면서 작업하셨군요. 그러니까 작품의 주제가 시간 순서와 딱 맞아떨어지지 않을 수 있고요.

E 그렇게 되었지.

M 그럼 상대성 판화와 다면체 판화가 제작된 시기에는 큰 의미를 두지 않아도 되겠네요.

E 그렇지만 상대성보다는 다면체에 대한 고민이 조금 앞섰던 거 같구나.

M 그래요?

E 다면체에 관한 마지막 판화가 〈중력〉(Gravity, 1952)이었는데, 그 작품에도 별처럼 뾰족하게 솟은 정십이면체와 그 행성에 사는 다섯 마리의 괴물이 등장하거든.

그 괴물들은 각자 뾰족한 지붕 아래에서 살아가는데, 자신이 밟고 있는 집의 바닥은 다른 집의 벽이 된단다.

M 듣고 보니 상대성 판화랑 뭔가 비슷하네요.

어떤 괴물의 바닥이 다른 괴물의 벽이 되는 걸 보면요.

E 그렇지? 그 판화의 아이디어가 상대성 판화로 진화했다고 보면 되겠구나.

M 음… 그러니까 선생님 작품의 주제를 시기만 보고 명확하게 나눌 수는 없지만 그렇다고 해서 큰 흐름이 없었던 건 아니라는 말씀이시네요.

E 그래도 내 작품이 눈에 띄게 변하는 확실한 전환점들이 몇 번 있긴 했어.

M 스페인 알람브라 궁전을 두 번째로 방문하던 해 말고 또 있어요?

E 그럼. 1936년도를 기점으로 내 작품이 크게 한 번 변했고, 그 이후로도 한 번 더 그런 해가 있었지.

M 그게 언제인데요?

E 궁금하냐?

M 당연히 궁금하죠.

E 그건 내일 얘기해주마.

M 헉! 이렇게 궁금하게 만들어놓고 안 가르쳐주시면 어떡해요.

E 그래야 내일이 또 기다려질 게 아니냐.

M 아휴 참~

　저녁을 먹고 침대에 누웠는데도 마르코는 쉽게 잠이 오지 않는다. 말해줄 것처럼 운을 떼고 나서 입을 다물어버리시는 선생님의 줄다리기 전략이 마르코의 궁금증을 풍선처럼 부풀어 오르게 하기 때문이다.

'아~ 다른 건 몰라도 난 궁금한 건 못 참는 성격인데…'

마르코는 일단 포기하고 잠을 청해보기로 한다. 선생님과 작품에 관한 대화를 하다 보면 엄청난 에너지가 드는 것 같기 때문이다. 다름 아닌 '수학' 때문에.

불가능한
도형 판화

TICKET

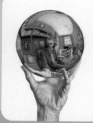

Departure   Seat

Arrival

산타의 등짐마냥 커다랗고 무거운 짐을 어깨에 둘러멘 마르코가 뚜벅 뚜벅 계단을 오른다. 얼마나 오랫동안 올랐는지 얼굴은 발갛게 상기되어 있고 옷은 땀으로 흠뻑 젖어 있다. 짐 무게에 눌려서일까? 마르코의 걸음 걸이는 기우뚱하고 불안정하기까지 하다. 그렇게 겨우 계단 끝에 다다른 마르코. 가쁜 숨을 몰아쉬고 정신을 가다듬은 후 주변을 휘~ 둘러본다. 바로 그때 왼쪽 의자에 앉아 쉬고 있는 한 남자가 눈에 들어온다.

"저기 혹시 밖으로 나가는 문이 어딘지 아세요?"

마르코가 묻는 말이 들리지 않는 듯 그 남자는 멀리 시선을 고정한 채 앉아 있다.

"저기요! 여기 나가는 문이 어디냐니까요?"

대답은커녕 여전히 쳐다보지도 않은 채 가만히 앉아 있는 그 남자. 안 되겠다 싶어서 마르코는 반대편 계단으로 내려오는 사람에게도 길을 묻는 다. 그런데 그 사람 역시 마르코의 존재를 모른다는 듯 휙 지나가버린다.

'뭐지? 내가 말하는 소리가 안 들리나? 혹시 내 모습도 안 보이는 건 가?'

다급해진 마르코는 마구 뛰어다니며 보이는 사람마다 출구를 묻는 다. 그러나 마치 투명인간이 된 것처럼 누구도 마르코를 알아보지 못한 다. 땀을 뻘뻘 흘리며 뛰어다니던 마르코는 영원히 나갈 수 없는 혼자만의 감옥에 갇혔다는 생각에 엉엉 울기 시작한다.

E (마르코를 흔들어 깨우며) 마르코야~ 마르코야~

M (눈을 뜨고 흐느끼며) 어~ 선생님. 저 보이세요?

E 그럼 보이고말고. 무슨 꿈을 꿨길래 그렇게 식은땀을 흘리면서 소리를 지르는 거냐?

M 저 이상한 세상에 갇히는 꿈을 꿨어요.

E 어디 갇혔다구?

M 제가 나가는 길을 묻는데 아무도 제가 하는 말을 듣지 못했어요. 제 모습도 안 보이는지 다들 그냥 지나쳤구요. 그러다 영원히 집에 못 가는 건 아닌가 싶어서 너무 무서웠어요.

E 그래서 자면서 훌쩍거렸던 거구나.

M (여전히 서러운 듯) 네.

E 걱정 마라. 그냥 꿈이었으니까.

M 꿈이라고 하기엔 너무 생생했어요. 어디서 그런 장면을 본 것 같거든요.

E 그래?

M (곰곰이 생각에 잠기는 듯하더니) 아! 생각났어요.
그거 선생님이 보여준 판화였어요. 〈상대성〉!
맞아! 그 판화였어요.

E 같은 계단 위에 있는데도 서로의 존재를 알아볼 수 없다는 게 충격적이었던 모양이구나.

M 그랬던 거 같아요. 도대체 그런 게 뭘까 싶어서 자기 전에 상상

을 해봤거든요.

E 상상력이 지나쳐서 꿈이 되었나 보구나.

M 그랬나 봐요.

E 이제 마음이 좀 진정되었니?

M 네. 그냥 꿈이었다고 생각하니까 이젠 괜찮네요.

E 그럼 아침 먹고 어제처럼 천천히 동네 한 바퀴 돌아볼까?

M 좋아요. 저 지금 상쾌한 공기가 필요한 거 같아요.

E 그럼 씻고 나오거라.

　　꿈속에서 무거운 짐을 지고 뛰어다녀서 그런지 마르코는 몹시 배가 고팠다. 덕분에 평소보다 더 맛있게 아침 식사를 마친 마르코. 맑은 공기를 흠씬 들이마시며 상쾌한 기분으로 산책에 나선다. 에서 선생님과 거의 매일 산책을 해서일까? 마르코는 이 동네가 마치 자신의 동네인 것처럼 편안하게 느껴진다.

─ 수학자 펜로즈를 만나다 ─

M 나오니까 참 좋네요.

E 요즘 웬일인지 날씨가 화창하구나. 아무래도 네가 여기 와 있는
　　걸 날씨도 아는 모양이다.

M 하하~ 제가 날씨 운이 좀 있는 편이죠.

E 그런데 말이다. 오늘 아침 네 꿈 얘기를 듣고 나니까 생각나는

사람이 있더구나.

M 누구요?

E 펜로즈 말이다.

M 아! 맞다. 오늘 펜로즈 박사님 얘기를 해주신다고 그랬어요.

 왜 제 꿈을 듣고 그분 생각이 나신 거예요?

E 펜로즈도 그 〈상대성〉이란 작품을 보고 충격을 받았다고 그랬거든.

M 거봐요. 처음 볼 때부터 그 작품이 뭔가 심상치 않았어요.

E 허허~ 녀석.

 어제 내가 궁금하게만 해놓고 말을 안 해줬던 얘기가 하나 있지?

M 네. 선생님 작품에 커다란 전환점이 되었던 해가 있다고 했어요.

 두 번째 스페인 여행 말고 하나 더요.

E 바로 그 전환점이 되었던 해에 대해 이야기해야겠구나.

M 오~ 엄청 궁금해요!

E 그때가 1954년이었지. 그해에 네덜란드의 수도인 암스테르담에서 세계수학자대회(ICM; International Congress of Mathematicians)라는 게 열렸거든.

M 세계수학자대회요?

E 국제수학연맹인가 하는 단체에서 개최하는 전 세계 수학자들의 모임이란다. 듣자 하니 4년마다 그 대회가 열린다고 하던데…

M 4년마다요? 꼭 올림픽 같네요.

E 수학자들을 위한 올림픽 같은 거겠지?

M 모여서 뭘 할까요? 대회니까 경기를 하나요?

E 글쎄. 잘은 모르겠지만 수학자들끼리 모여서 그동안 연구한 내

용을 같이 나누고 서로 상도 주고 하는 거 같더구나.

M 그럼 설마 선생님도 그 대회에 참가하셨던 거예요?

E 내가? 허허허~ 나는 수학자가 아니잖니.

M 그럼 뭘 하셨는데요?

E 그 수학자대회에 참가한 사람들을 위해 전시회를 열었단다.

M 우와~ 그럼 수학자들이 모두 와서 선생님 작품을 감상했겠네요?

E 그랬지.

M 대박! 선생님 작품을 보고 다들 놀라서 쓰러지지 않았어요?

E 쓰러진 사람은 없었지만 놀란 사람은 있었던 것 같구나.

M 그분이 펜로즈 박사님?

E 그렇단다. 당시에 펜로즈는 20대 초반의 학생이었어.
    박사라고 불린 건 그 후로 몇 년쯤 지나서였을 거야.

M 중요한 사실은 펜로즈 박사가 선생님 작품을 봤다는 거잖아요.

E 그래. 펜로즈가 그랬지.
    내 판화의 환상적인 세계에 완전히 사로잡혔다고 말이야.

M 그 〈상대성〉이란 작품을 보고 나서요?

E 그런 모양이다.

M 그런데 선생님은 펜로즈 박사님이 〈상대성〉이란 작품을 보고 놀
    랐다는 사실을 또 어떻게 아셨대요?

E 어느 날 나에게 수학 잡지가 전달되었어. 그 잡지를 펼쳐보니까
    이상하게 생긴 삼각형과 사각형 모양이 그려져 있더구나. 내 판
    화 〈상대성〉을 보고 영감을 받아 만들었다는 메모와 함께 말이지.

M 펜로즈 삼각형을 말씀하시는 거겠죠?

E 그렇단다.

M 잠깐만요. 그럼 펜로즈 삼각형이 선생님 작품 중에 〈상대성〉을 보고 만들어졌다는 거잖아요. 혹시 〈상대성〉 판화 한가운데에 삼각형 형태로 배치된 세 개의 계단이 펜로즈 삼각형의 모티브였나요?

E 글쎄다. 그 세 개의 계단이 펜로즈 삼각형으로 재탄생한 건지는 모르겠구나. 다만 펜로즈는 서로 다른 세 개의 세상을 하나의 장면 속에 넣었다는 사실에 충격을 받았다고 했어. 그건 현실에서는 불가능한 일이니까.

M 그런 상상을 해본 적도 없는 사람들에겐 정말 충격이 아닐 수 없죠.

E 하여간 그 그림을 보고 난 후부터 '기하학적으로 불가능한 도형을 만들 수 있지 않을까?'라는 생각을 하기 시작했다더구나.

M 선생님이 혼자 상상하던 그 세상 속에 펜로즈 박사님도 들어오신 거네요?

E 그렇게 된 거지.

M 그때부터는 좀 덜 외로우셨겠어요.
그런데 삼각형 말고 그 이상하게 생긴 사각형은 또 어떤 그림이었어요?

E 그건 펜로즈의 계단이라고 부르더구나.

M 펜로즈 박사님이 계단도 만드셨었군요.

E 계단을 만든 펜로즈 박사는 네가 아는 그 펜로즈 박사가 아니라 그의 아버지였지.

M (놀란 표정으로) 네? 펜로즈 박사가 두 명이에요?

E 펜로즈 삼각형을 만든 사람은 로저 펜로즈(Roger Penrose)이고, 그의 아버닐 라이어널 펜로즈(Lionel Penrose)는 생물학자였다고 하던데? 그분도 아들인 펜로즈와 함께 내 작품의 아이디어를 고민했다고 하더구나.

M 두 명의 펜로즈 박사가 머리를 맞대고 불가능한 도형을 고민했군요.

E 그 결과 먼저 탄생한 것이 펜로즈 계단이란다.
그 후에 펜로즈 삼각형이 나왔고 말이다.

M 엥? 펜로즈 삼각형이 먼저 나온 게 아니었어요?

E 사각형 모양의 펜로즈 계단을 간단하게 만든 게 펜로즈 삼각형이거든.

M 아~ 순서가 그렇게 되는군요.
저는 펜로즈 삼각형이 워낙 유명해서 당연히 그게 먼저일 거라고 생각했어요.

E 사각형보다는 삼각형을 만드는 게 더 쉬워 보이기도 하잖니.

M 그것도 맞는 말씀이네요. 저는 펜로즈 삼각형이 그렇게 나온 줄은 꿈에도 몰랐거든요. 그런데 탄생의 배경이나 역사를 듣고 나니까 더 신기하네요.

E 그런데 역사가 거기에서 끝나면 안 되겠지?

M 뭐가 더 있어요?

E 그럼. 펜로즈 부자의 삼각형과 사각형 계단을 잡지에서 보고 난 후에 내가 뭘 했는지 아니?

M 또 가만히 안 계시고 뭘 만드셨겠죠?

E 그랬지. 〈오르락 내리락〉이라는 판화를 1960년에 만들었고 그 다음 해에 〈폭포〉를 만들었단다.

M 그 두 작품은 정말 엄청나게 유명해요. 그런데 그거 아세요? 선생님의 아이디어가 영화로도 만들어졌어요.

E 어떤 영화로 말이냐?

M 다른 사람의 꿈속에 들어가서 생각을 심어놓고 나온다는 내용의 액션 영화거든요. 제목이 〈인셉션〉인데, 바로 그 영화 속에 계속해서 올라가고 계속해서 내려가는 계단이 등장해요.

E 펜로즈 계단이구나. 그런데 그건 내가 아니라 펜로즈 박사의 아이디어인데?

M 아니죠. 엄밀히 말하면 선생님의 아이디어죠. 맨 처음 불가능한 세상을 창조하셨던 게 선생님이고, 그걸 또 〈상대성〉이란 판화로 만든 것도 선생님이잖아요.
펜로즈 삼각형이나 사각형 계단은 모두 선생님의 작품을 보고 나온 거니까 결국 그 모든 탄생의 씨앗은 바로 선생님의 상상력에 있었던 거예요.

E 어이쿠야~ 그렇게 말해주니 기분이 좋구나.

M 기분 좋으라고 드린 말씀이 아니에요. 그게 사실이니까요.
선생님의 판화 작품이 없었다고 상상해보세요. 그랬다면 과연 펜로즈 삼각형이나 사각형 계단은 탄생할 수 있었을까요?

E 글쎄. 수학자들의 상상력은 시인이나 예술가들보다 뛰어나다는 말을 어디서 들은 거 같은데… 그렇다면 내 작품 없이도 만들어

낼 수 있지 않았을까?

M 그거야 모르는 일이지만, 저는 선생님이 원조라고 봅니다.

E 허허허~ 일단은 알았다. 내 생각에 누가 원조냐는 그렇게 중요한 거 같지 않구나. 수학자들이 하는 일과 내가 하는 일은 엄연히 다른 종류니까.

M 그렇긴 하죠.

E 하여간 나는 잡지를 보고 판화를 만들어서 펜로즈에게 보내줬지. 얼마나 고이 간직하던지 펼칠 때마다 흰 장갑을 끼더구나.

M 우와~ 선생님 작품을 직접 받아보다니… 감동이었겠어요.
그렇게 아이디어와 작품을 서로 주고받다 보면 두 분이 엄청 친해지셨겠는데요?

E 내가 그 친구를 집으로 초대한 적이 있어. 아마 1962년이었을 거다.

M 펜로즈 박사님을 선생님 집으로요? 드디어 두 분이 만나게 되셨군요. 만나서 뭘 하셨어요?

E 뭘 하긴. 이런저런 얘기를 했지. 갈 때 판화 선물도 하나 주고 말이다.

M 어떤 판화를 주셨는데요?

E 어떤 걸 줘야 할지 모르겠더구나. 그래서 그냥 집에 있던 판화들을 쭉~ 펼쳐놓고 하나 가져가라고 했어.

M 아~ 선생님이 골라서 주신 게 아니라 직접 선택하라구요?
펜로즈 선생님은 어떤 걸 가져가셨는데요?

E 그 많은 판화 중에 〈물고기와 비늘〉(Fish and Scales, 1959)을 콕 집더구나.

M 왜 하필 그 판화였을까요?

E 나도 궁금해서 물어봤지.

M 그랬더니 뭐라고 하시던가요?

E 그 판화에는 큰 물고기의 비늘이 작은 물고기가 되고 작은 물고기가 다시 큰 물고기의 비늘이 되는 순환의 모습이 담겨 있거든. 그런데 그렇게 계속 순환하는 구조가 우주의 큰 법칙 같다고 말하더구나.

M 우주의 법칙요?

E 일종의 패러독스 같다고도 하고 무한이 있다고도 하던데…
내가 어떻게 우주를 연구하는 박사의 상상을 이해할 수 있겠니. 그저 내 작품 중에 마음에 드는 게 있다 하니 기쁠 뿐이지.

M 아~ 선생님! 너무 겸손하신 거 아닙니까?
선생님에게 직접 작품을 선물 받는 거야말로 무한한 영광이죠.

E 그런 거냐?

M 당연하죠.

E 허허~ 녀석. 어느새 동네를 한 바퀴 다 돌았구나.

M 어! 집이네요. 그럼 오늘은 펜로즈 박사님의 아이디어가 들어 있는 판화들을 보겠군요.

E 그러겠지?

오늘은 웬일로 마르코가 먼저 작업실로 들어간다. 유명한 작품들을 직접 눈으로 볼 수 있다는 생각에 두근반세근반 뛰어대는 심장을 부여잡으면서. 그런데 그런 마르코의 마음을 아는지 모르는지 에셔 선생님은 따끈한 차 한 잔을 들고 천천히 여유롭게 걸어 들어오신다.

─ 자세히 보면 이상한 그림 ─

E 어이쿠! 깜짝이야. 벌써 와 있었구나.

M 거짓말 조금 보태 아~~까부터 기다리고 있었어요.

E 그래? 뭐가 그리 급한 거냐?

M 오늘 드디어 〈폭포〉를 보잖아요.

  오기 전부터 그 작품이 엄청 보고 싶었거든요.

E 그랬구나. 그런데 이를 어쩌나?

M 왜요?

E 그 작품 전에 볼 게 있거든.

M 뭔데요?

E 기다려 보거라.

  (판화 작품들을 뒤적거리며) 그게 어디에 있지?

M 없으면 그냥 〈폭포〉부터 봐요.

E 아니다. 어! 여기 있구나.

M 오~ 이것도 멋있네요. 이건 어떤 작품이에요?

E 〈벨베데레〉라는 작품이란다.

M 벨베데레? 그게 뭐예요?

E 훌륭하고 아름다운 건축물을 말한단다.

  보통 그런 건축물들은 주변의 멋진 풍광과 잘 어우러지게 만들지.

〈벨베데레〉(Belvedere, 1958)

M 그래서 저 작품에도 멋진 산을 배경으로 넣으셨군요.

E 그렇지. 저 작품의 배경이 되는 곳은 이탈리아의 아브루치란다.

M 이탈리아에 사실 때 풍경화로 자주 그렸던 곳이요?

E 맞아. 내가 무척 좋아했던 곳이지.

M 아… 예전에 그리셨던 풍경화들이 이젠 저렇게 새로운 작품의 배경이 되는 건가 봐요.

E 그렇단다. 이곳에서는 이탈리아를 여행할 때처럼 풍경화 자체만을 그리진 않았으니까. 그래도 이렇게 다른 작품에 다시 쓰이게 되니 좋지 않니?

M 모르고 보는 것보다는 좋은 것 같아요. 배경까지도 유심히 보게 되는 것 같구요. 그러고 보면 선생님의 작품들은 모두 아주 작은 부분까지도 순간의 경험들이 쌓이고 맞춰지면서 완성된 퍼즐 같아요.

E 세상엔 버려도 좋은 경험 같은 건 없으니까. 성공의 경험뿐만이 아니라 실패의 경험까지도 지나고 보면 다 소중한 자산이 되고 지혜가 되지 않니.

M 멋진 말씀이네요. 그런데 왜 이 작품을 먼저 보는 거예요?

E 오늘 볼 판화들 중에 시기적으로 가장 먼저 만들어진 것이거든. 또, 같은 주제를 담고 있기도 하고 말이다.

M 주제가 같아요? 오늘 주제는 뭔데요?

E 그건 네가 찾아내야 할 거 같은데?

M 아… 또 머리를 써야 하는 시간이 왔군요.

E 자꾸 써야 똑똑해지지 않겠니?

M 알았어요. 그럼 지금부터 두뇌 회전을 시작하도록 하겠습니다.

E 시작했으면 혹시 이 그림에서 어디 이상한 데가 없는지를 찾아봐라.

M (혼잣말로 중얼거리며) 숨은 그림 찾기인가?

E 힌트를 하나 주자면 한 군데가 아니라 여러 군데가 있단다.

M (여전히 혼잣말로) 멀쩡해 보이는데 어디가 이상하다는 거지?
(한참을 찾다가) 혹시… 사다리?

E 사다리가 왜 이상한데?

M 아래층에서는 분명 안에서 출발했거든요. 그런데 위층에 도착하니까 사다리가 난간 바깥에 놓여 있어요. 밖에서 안으로 들어가게 말이죠. 어떻게 안쪽에서 출발했는데 위층 바깥과 연결이 되죠? 뭐 좀 이상하네요.

E 하나 찾았구나.

M 또 찾아요?

E 그럼.

M 헤고… 가만 보자. 기둥도 좀 이상한 거 같은데요?

E 기둥이 어떻게 이상한지 설명해봐라.

M 건물 첫 번째 층을 보면 뒤쪽 난간 기둥이 앞쪽 기둥과 연결되어 있어요. 거꾸로 앞쪽 난간의 기둥은 뒤쪽 기둥과 연결되어 있구요. 두 번째 층 기둥들도 교묘하게 그런 식으로 그려진 게 있어요. 찾고 보니 진짜 이상한데요? 무슨 기둥이 이렇게 건물의 앞뒤를 지그재그로 연결해요.

E 그렇지? 1층에서부터 2층까지 이어지는 기둥들을 하나씩 직선

처럼 따라가다 보면 결국에는 멀쩡해 보이던 2층의 기둥들도 앞뒤가 뒤틀린 이상한 형태라는 걸 알 수 있게 된단다.

결국 이 그림에서 멀쩡하게 그려진 기둥은 오른쪽 끝과 왼쪽 끝에 있는 두 개의 기둥뿐이지.

M   진짜 그러네요.

E   더 찾아보겠니?

M   더요?

(한참을 요리조리 보더니) 이 건물의 두 개 층 방향이 이상하네요. 위층의 여인은 난간 끝에 서서 건물 입구의 계단 방향을 보고 있는데, 아래층 남자는 방향을 틀어 멀리 산이 보이는 풍경을 보고 있어요. 1층과 2층 바닥의 형태를 직사각형으로 본다면 두 사람이 서 있는 위치는 같아야 하는데 서로 다른 방향을 보고 있는 거죠. 그런데 그러면 안 되는 거 아닌가요?

E   (박수를 치며) 그거까지 찾을 줄은 몰랐는데 대단하구나. 네 말처럼 저 건물이 우리가 사는 세상에 존재한다면 저 두 사람은 같은 방향을 바라보고 있어야 하겠지. 그런데 그림에서는 두 개 층의 방향이 뒤틀어져 있잖니.

M   왜 그럴까요? 왠지 저 이상하게 연결된 기둥들 때문인 거 같긴 한데 명확하게 설명을 못 하겠어요.

E   그런 거 같지? 잘 찾아보면 여기서도 역시 그림 안에 비밀의 단서가 있단다.

M   엇! 지난번에 보여주신 〈볼록과 오목〉에서처럼요?

거기서는 그림 속 깃발에 정육면체 착시를 그려놓으셨잖아요.

E 여기서도 그런 비슷한 그림이 있을 거다.

그걸 보면 이 이상한 현상들의 원인이 무엇인지 알 수 있지.

M 그림 속 힌트를 찾으라는 말씀인데…

(유심히 살펴보다가) 저 찾았어요!

E 단서가 어디에 있니?

M 그림 아래 남자가 들고 있는 직육면체요. 그 직육면체도 잘 보면 기둥이 이상하게 연결되어 있어요. 큰 건물의 기둥에서처럼 뒤에 있어야 하는 모서리와 앞에 있어야 하는 모서리를 꽈배기처럼 꼬아서 이어놨거든요.

E 잘 찾았구나.

M 그런데 그림 안의 남자는 도대체 뭐가 문제인지를 여전히 모르는 것 같은데요?

직육면체를 들고 고민하는 저 표정을 좀 보세요.

E 그런 것 같구나.

M 아! 답답해. 바로 앞에 정답이 표시되어 있는 종이가 있는데 그걸 못 보네요.

E 가르쳐주고 싶지 않니?

M 네. 바닥에 펼쳐진 그림을 보면 두 군데에 동그라미가 쳐져 있잖아요. 그 두 부분이 기둥의 잘못된 부분인데, 정답을 앞에 두고도 그걸 못 알아보다니…
그 그림을 보라고 소리라도 질러주고 싶네요.

E 허허허~ 너무 답답해하지 마라. 우리 역시 문제의 해답이 코앞에 있는데도 못 볼 때가 많지 않니. 저 사람도 그런 모양이구나.

M 우리나라 속담에 병도 주고 약도 준다는 말이 있거든요. 가만 보니 선생님 그림이 딱 그렇네요. 그림에다가 말도 안 되는 장난을 실컷 쳐서 사람들을 헷갈리게 해놓고 그 안에 또 답까지 넣으셨잖아요. 정말이지 장난꾸러기세요.

E 내 안에 있는 어린아이가 자꾸 이런 장난을 치라고 하는 걸 어떡하겠니?

M 어린아이 핑계 대지 마시구요.

E 그렇다면 이 그림을 안 이상하게 보는 방법을 하나 가르쳐주랴?

M 이미 다 이상하게 그려놓으셨는데 어떻게 그걸 멀쩡하게 봐요?

E 그림을 반씩 나눠서 보면 되지.

M 지난번에 2점 투시를 사용해서 그렸던 〈높고 낮음〉처럼요?

E 그렇지. 같은 방법으로 이 그림도 위의 절반과 아래 절반을 따로따로 보면 하나도 안 이상한 그림이 될 거다.

M 잠깐만요. 그림을 반반씩 가리고 한번 볼게요. 그러면…

와~ 어떻게 이럴 수가 있죠? 아래층과 위층이 모두 완벽하게 멀쩡해 보여요.

아래층 사다리에 있는 사람은 건물의 안에 있는 게 확실하잖아요. 위층에 다다른 사람은 바깥에 있는 게 너무 당연해 보이구요. 그 둘을 따로따로 보니 하나도 이상하지 않아요. 아까는 저 사람들이 안에 있는 건지 바깥에 있는 건지 헷갈렸거든요.

아래 절반의 그림

위의 절반의 그림

E 다른 사람들도 한번 봐라.

M 아래층 기둥 옆에 서 있는 신사분은 멋진 풍경을 감상하고 계시
   네요. 위층의 여인도 그 건물의 방향에 맞게 어딘가를 바라보고
   있구요. 따로 떼어놓고 보면 각자 그림의 방향에 맞게 잘 서 있
   는 거 같아요.

E 허허허~ 재미있지?

M 네. 결국 아무 이상 없는 두 부분을 교묘하게 연결해서 저렇게
   불가능한 모습을 만들어낸 거군요.

E 그렇지. 원근법을 무시한 결과라고도 할 수 있겠구나.

6. 불가능한 도형 판화

M 원근법을 무시했다구요?

E 3차원 공간에서는 멀고 가까운 것이 분명하지 않니. 그런데 그걸 2차원 평면으로 옮겨서 그릴 때는 얼마든지 무시할 수 있거든. 먼 것과 가까운 것 모두 같은 평면 위에 그려지니까.

M 하긴 종이는 두께가 없죠. 깊이도 없구요. 그러니까 3차원적인 원근감을 얼마든지 없는 것처럼 그릴 수 있겠네요. 멀리 있는 것과 가까운 것을 같은 크기로 그려놓으면 같은 거리에 있는 것처럼 보일 테니까요.

E 바로 그렇지.

M 저 그림에서도 뒤에 있는 기둥을 앞에 있는 기둥과 연결하면서 문제가 생긴 거잖아요. 먼 것이 가까운 것이 되고 가까운 것이 먼 게 되었으니까요.

E 평면에서는 사실 가까운 곳도 없고 먼 곳도 없지.
모두 다 한 평면 위에 존재하니까 말이다.

M 그런 생각으로 안쪽과 바깥쪽을 연결하는 사다리를 만드신 거군요. 바닥을 천장으로 또 천장을 바닥으로 만드셨던 것처럼 말이에요.

E 이제 비밀이 풀린 거 같은데?

M 그렇다면 이런 생각도 할 수 있지 않을까요?

E 어떤 생각 말이냐?

M 그림 속 사다리처럼 내부와 외부를 연결할 수만 있다면 감옥에 갇혀 있는 그림 속 죄수도 바깥으로 나갈 수 있지 않을까요? 쇠창살을 뜯거나 문을 열지 않고도 말이죠.

E 듣고 보니 그럴 수도 있겠구나.

   그럼 마지막으로 이 그림에서 불가능한 걸 하나 더 말해주랴?

M 다 찾은 게 아니었어요?

E 청년이 들고 있는 직육면체는 세상에 존재할 수 없는 불가능한 도형이지?

M 그렇죠.

E 그러니까 저 입체를 손에 쥐는 것도 역시 불가능한 일 아니겠니?

M 그것도 맞는 말씀이네요. 불가능한 도형을 든다는 건 불가능한 일이니까요.

E 이제 여러 부분이 이상하다는 내 힌트가 이해가 되지?

M 완벽하게 이해됐어요. 그리고 오늘 주제가 뭔지도 알 거 같아요.

E 그래? 뭐인 거 같으냐?

M 불가능한 도형이요. 왜냐하면 오늘은 펜로즈 삼각형과 관련된 작품을 본다고 하셨잖아요. 그런데 펜로즈 삼각형도 그림으로는 그릴 수 있지만 현실에서는 만들 수 없는 불가능한 도형이거든요.

E 허허~ 정답을 맞혔으니 다음 작품을 보여줘야겠구나.

— 무한계단의 비밀 —

M 오~~ 이거군요. 펜로즈의 사각형 계단을 보고 만들었다는 그

작품이요.

옥상 계단에서 사람들이 올라가고 또 올라가네요. 어! 똑같은 계단 반대편에는 계속해서 내려가는 사람들도 있는데요? 만약 저런 장소가 실제로 있다면 끝없이 올라가거나 내려갈 수 있겠는데요?

E 그래서 저런 걸 '무한계단'이라고도 부른단다.
   무한히 올라가거나 내려갈 수 있는 계단이라는 의미지.

M 맞는 말이네요. 저 이 작품에 대해 말로만 들었지 실제로 본 건 오늘이 처음이거든요. 그런데 정말 상상했던 것보다 훨씬 멋있네요.

E 그러냐?

M 그럼요. 건물 지붕이며 난간, 그리고 바닥의 음영까지. 선생님의 섬세한 손길이 느껴지는 거 같아요.

E 녀석~ 과장하기는.

M 진짜예요! 어떤 사람들은 선생님의 작품을 돋보기로 확대해서 보기도 하거든요. 크게 확대해도 여전히 정교한 선생님 작품에 흠씬 놀라면서요.

E 허허~ 그래, 알았다. 그러면 이 작품에서도 어디가 이상한지 찾을 수 있겠니?

M 그야 당연히 저 계단이죠. 저렇게 끝없이 올라가거나 내려가거나 하는 계단은 세상에 존재하지 않으니까요.

E 그림을 보면 가능한 것처럼 보이지 않니?

M (머뭇거리며) 음… 그게… 참 이상하게도…

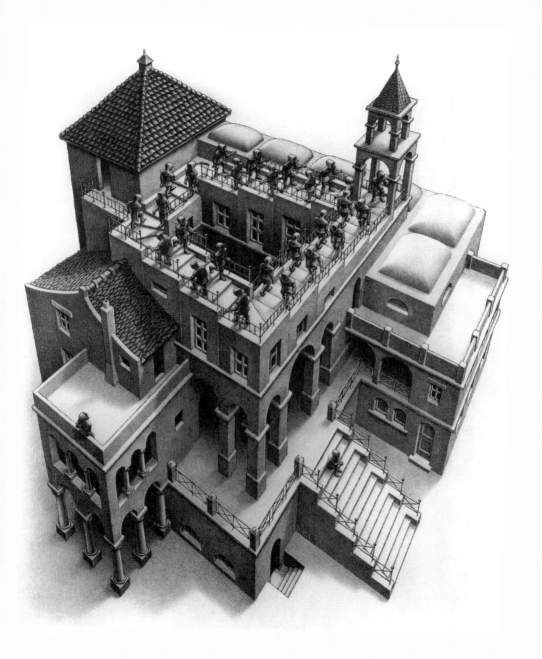

〈오르락 내리락〉(Ascending and Descending, 1960)

가능한 것처럼 보이네요. 뭐죠?

E 저게 왜 가능한 것처럼 보일까?

M 그러게요. 실제로는 있을 수 없는 계단이니까 만들어볼 수도 없고… 그림 속에서 이유를 찾으라고 하니까 난감한데요?

E 좀 어려울 거다. 펜로즈가 보내준 그림을 처음 봤을 때 나도 그랬거든.

M 그래도 선생님은 저 계단의 원리를 찾으신 거잖아요. 저렇게 작품까지 만드신 걸 보면요.

E 찾아내기는 했지.

M 그럼 설명해주세요. 도저히 모르겠어요.

E 그럼 내 작품 말고 그냥 펜로즈 계단을 보자. (그림을 꺼내며) 계단을 보면 사각형 모양으로 되어 있지?

M 그렇죠.

E 그중에 세 개의 계단을 선택하고 각각을 ①, ②, ③이라고 써놓자. 그런 다음 각 계단의 높이가 어떻게 변하는지를 관찰할 거야.

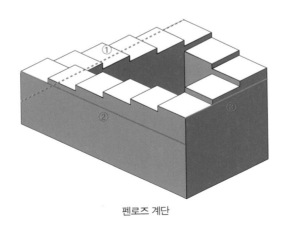

펜로즈 계단

M 그럼 뒤쪽 6칸짜리 계단을 ①번이라고 하고, 반시계방향으로 돌면서 차례로 ②번과 ③번 계단이라고 할게요.

E 그렇다면 ①번과 ②번 계단은 6칸, ③번 계단은 3칸으로 되어 있겠구나. 그렇지?

M 네. 그런데 나머지 하나의 계단은 왜 번호를 안 붙여요?

E 그건 조금 이따가 붙일 거란다. 일단 계단을 오를 때 ①, ②, ③번 계단의 높이가 각각 얼마큼씩 높아지는지를 표시해보렴.

M 높이의 변화를 알려면 기준이 되는 출발점이 필요하겠네요. 저는 각 계단의 맨 아래 칸을 기준으로 두고 바닥과 수평이 되는 선을 빨간색으로 그어볼게요. 그러면 3칸짜리 계단을 오를 때보다 6칸짜리 계단을 오를 때 더 많이 높아지는 걸 알 수 있어요.

E 이제 높아진 전체 길이를 확인하기 위해 그었던 빨간선들의 끝을 한번 이어보자. 어디서 시작하든 상관은 없지만 내 생각엔 ①번 선분을 그대로 두는 게 좋을 것 같구나. 그러면 ①번 선분의 끝을 ②번과 잇고, 다시 ②번 선분의 끝을 ③번과 이어야 하겠지?

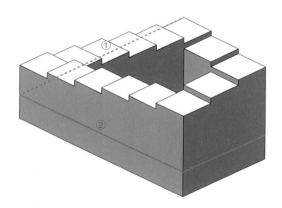

M 이렇게요?

E 아주 잘했구나. 잇고 보니 높이가 어떻게 변하는 거 같니?

M 빨간 선들은 지면과 평행하잖아요. 그러니까 그 선을 기준으로 계단이 얼마만큼 높아졌는지를 보면 되겠네요. 그렇게 보면 당연히 ①번보다는 ②번 계단이 높고, 또 ②번보다는 ③번 계단이 더 높죠. 당연한 거 아닌가요?

E 당연한 일이지. 그런데 그 당연한 사실이 당연하지 않은 것처럼 보이니까 문제 아니냐.

M 맞다. 그랬었죠? 그럼 마지막 계단에 그 비밀의 열쇠가 숨겨져 있는 건가요?

E 그렇다고 할 수 있지.

M 어떻게 해야 그 비밀을 풀 수 있을까요?

E 마지막으로 선을 하나 더 그어보자. 어디에 그어야 하는지는 알고 있겠지?

M 알 거 같아요. 아까 ①, ②, ③번을 그었던 것처럼 마지막 계단에도 바닥과 평행한 빨간 선을 그으면 되는 거 아니에요? ③번 선분의 끝에서 출발하도록요.

E 그래. 맞다. 그 선을 어서 그어봐라.

M 이렇게 긋는 거 맞겠죠? 그러면 ④번 선분의 끝은 ①번 계단의 벽과 부딪히며 끝나네요. ①번과 ④번 선은 마치…

E 마치 뭐?

M 꼬인 위치에 있는 것처럼 보여요.

E 뭐가 꼬여 있다고?

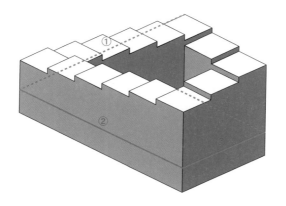

M 두 직선이요. 수업 시간에 배운 건데요, 공간에서 두 직선이 평행하지도 않고 만나지도 않으면 그 두 직선을 꼬인 위치에 있다고 해요.

E 그런 개념이 있구나.

M (연필 두 개를 집어 들며) 이 두 개의 연필을 끝없이 뻗어 나가는 직선이라고 생각해보세요. 그런 다음 이리저리 움직이다 보면 공간에서 두 직선이 어떤 위치 관계에 있는지 알 수 있어요.

E 그거 뭐~ 별로 어렵지 않아 보이는데?

M 그럼 선생님이 한번 찾아보시겠어요? 공간에서 움직이는 것 같지만 한 평면 위에 있는 경우도 있어요.

E 한 평면 위에 있는 경우를 포함시키라는 말이겠지?

M 이해가 빠르신데요?

E 그럼 두 직선은 이런 관계가 있을 수 있겠구나. 한 점에서 만나는 경우, 평행한 경우, 그리고 그 두 평행한 직선이 겹쳐져서 일치하는 경우 말이다.

한 점에서 만나는 경우   평행한 경우   일치하는 경우

M   잘하셨어요. 말씀하신 세 가지는 모두 한 평면 위에 있는 경우네요.

E   그런가? 나는 분명 공간에서 움직였는데 두 직선을 포함하는 평
면이 있었다는 말이구나.

M   맞아요. 그리고 또 한 가지. 빠진 경우가 있어요.

E   어떤 경우가 빠졌지?

M   아까 말씀드린 꼬인 위치요.

E   그 꼬인 위치라는 건 두 직선을 어떻게 움직여야 하는 거냐?

M   이런 식으로요. 그러면 평행하지 않으면서 만나지도 않아요.

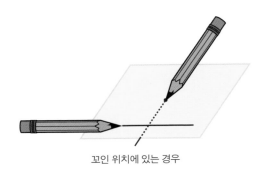

꼬인 위치에 있는 경우

E   정말 그렇구나. 듣고 보니 꼬인 위치는 공간에서만 가능하겠는
데? 한 평면 위에서라면 어떻게든 만날 테니까 말이다.

M   역시 공간에 대한 이해가 남다르시네요.

E   그런데 이를 어쩌지?

M 왜요?

E 듣고 보니 네 추측이 틀린 것 같구나.

M 어디가 틀렸어요? 혹시 저 펜로즈 사각형의 ①번과 ④번이 꼬인 위치가 아닌 거예요?

E 그래. 꼬인 위치처럼 보이지만 사실은 아니거든.

M 그럼 뭘까요? 분명 꼬인 위치처럼 보이는데.

E 네가 그은 빨간 선들의 높이를 한번 잘 들여다봐라.

M 빨간 선들의 높이라…

어! 그러고 보니 저 빨간 선들은 모두 바닥으로부터 일정한 높이에 있는 선이잖아요. 그 높이는 ①번 계단의 출발점과 같은 높이구요. 그러니까 저렇게 한 바퀴를 삥 돌았으면 처음 시작했던 자리, 그러니까 ①번의 첫 번째 계단 위치에서 정확하게 만나야 하는 거네요.

E 바로 그렇지. 그림에서는 서로 떨어진 것처럼 보이지만 사실 ①번과 ④번의 선분은 서로 이어져야 하는 거야.

M 아~! 이 그림은 여기서부터 잘못되기 시작했군요. 원래는 한 바퀴를 돌아 만나도록 그려야 하는데 그 직선을 꼬인 위치에 있는 것처럼 그려서 말이죠.

E 그렇다고 할 수 있지. 그럼 ①번과 ④번 선의 끝을 만나게 그리면 ④번 계단의 높이가 어디쯤 표시되어야 하겠니?

M ①번 계단의 출발점보다 한참 높은 곳에 솟아 있어야 하겠죠. 한 바퀴를 돌면서 계단은 점점 높아졌으니까요.

E 그런데 어떻게 저 그림에서는 ①번 계단의 시작점과 ④번 계단

의 끝이 이어진 것처럼 보일까? 두 지점은 높이에 있어서 큰 차이가 날 텐데 말이다.

M 그러게요. 저것도 〈벨베데레〉처럼 원근법을 무시해서 일어난 현상일까요?

E 그런 셈이지. 높이가 다른 두 계단을 높이가 같은 것처럼 그려놓은 거니까.

M 어떻게 그게 가능해요?

E 저런 모형을 만들어놓고 시선을 움직이다 보면 마치 연결된 것처럼 보이는 순간이 있거든.

M 높이가 같은 것처럼 보이려면 계단 옆이 아니라 위에서 봐야겠네요. 아! 맞다. 바로 그게 영화 〈인셉션〉에 등장하는 장면이에요.

영화 〈인셉션〉에 등장한 펜로즈 계단

E 그랬구나. 제대로 이해한 것 같으니 다시 작품으로 돌아가볼까?
다른 데 볼 거 없이 옥상 계단만 잘 살펴봐라.

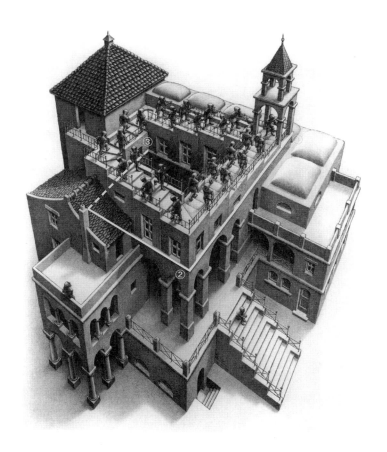

M 펜로즈 계단 맞네요. 다만 보는 방향이 조금 바뀌어서 오른쪽 앞
계단이 제일 길어 보여요.

E 그렇지만 여기서도 원리는 같을 테니 한번 분석해보렴.
연결되지 않았는데 연결된 것처럼 보이는 부분이 어디인지 말이다.

M 여기서도 아까처럼 계단마다 번호를 매기면 되겠어요. 앞쪽에 제일 긴 계단을 ①번이라고 한 다음, 시계방향으로 돌면서 차례로 ②, ③, ④번이라고 써요. 이때 ①번 계단의 오른쪽 끝 지점을 시작으로 지면과 평행인 선을 그어요. 나머지 계단에서도 지면과 평행인 선을 차례로 이으면서 긋고요.

E 네가 그은 선이 지면과 평행한지 안 평행한지 어떻게 알지?

M 그림을 잘 보면 계단 아래로 층을 나누는 선이 보여요. 그 선은 그 층의 바닥을 나타내는 선이니까 지면과 평행할 수밖에 없죠. 바닥을 기울어지게 짓는 집은 없잖아요.

E 층을 나누는 선까지 보다니. 아주 예리한데?

그럼 칭찬의 의미로 네가 그토록 보고 싶었다던 〈폭포〉를 보여주마.

— 무한폭포에 숨어 있는 펜로즈 삼각형 —

M (박수를 치며) 역시 제 기대를 저버리지 않는 작품이네요.

E 박수까지 쳐주니 기분이 좋구나.

M 이 폭포야말로 불가능한 도형이잖아요. 물은 위에서 아래로 흘러야 하는데 여기서는 물이 아래에서 위로도 흐르고 있으니까요.

E 불가능하지. 그런데 이것도 그림만 보면 가능한 것처럼 보이지 않니?

〈폭포〉(Waterfall, 1961)

M 그러니까요.

E 마르지 않도록 가끔씩 물 한 통씩만 부어주면 아마 저 물레방아는 영원히 움직일 수 있을 거다.

M 그럼 폭포도 건물 위에서 영원히 떨어지겠네요.

E 그렇겠지.

M 그렇다면 저 폭포의 이름을 '무한폭포'라고 할 수 있겠네요? 아까 계속 올라가고 내려가는 계단을 '무한계단'이라고 불렀으니까요.

E 만들 수만 있다면 그렇게 이름을 붙여줘도 되겠구나.

M 저런 건물이 진짜 있으면 좋겠어요. 그럼 에너지도 친환경적인 방식으로 생산할 수 있잖아요. 바람을 이용해 전기를 얻는 풍력 발전처럼 끝없이 돌아가는 물레방아를 이용해 수력 에너지를 얻는 거죠.

E 좋은 생각이긴 하다만 저건 네가 말한 대로 불가능한 도형이란다.

M (손을 턱에 괴고) 흠…
실제로는 불가능한데 가능한 것처럼 그릴 수 있었던 비결이 뭘까요?

E 아침 산책에서 했던 얘기를 그새 까먹은 거냐?

M 펜로즈 삼각형?

E 그렇단다.

M 이 작품에 펜로즈 삼각형이 있다구요?

E 그렇다니까. 그것도 무려 세 개나 있단다.

M 제 눈에 삼각형은 두 개밖에 안 보이는데요?

E 너에게 보이는 삼각형은 어느 걸까?

M 떨어지는 폭포 물을 한 변으로 하는 삼각형이 위와 아래에 두 개
있잖아요.

E 그럼 하나만 더 찾으면 되겠구나.

M (한참을 쳐다보더니) 아~~

두 삼각형 사이에 끼어 있는 삼각형이 하나 더 있었군요.

E 그렇지.

M 참 신기하네요. 펜로즈 삼각형 세 개를 이용해서 불가능한 도형
을 가능한 것처럼 보이게 그렸다는 게요.

E 뭐 하나 물어볼까?

M 뭐요?

펜로즈 삼각형

E 폭포에 있는 두 개의 탑은 높이가 같을까? 다를까?

M 왠지 함정인 거 같은 느낌이 드는데요?

E 함정 같다구?

M 그림을 보면 왼쪽 탑이 더 높아 보이지만 또 잘 보면 탑은 마지막 층에서 같은 높이만큼 솟았잖아요. 그러니까 당연히 탑의 높이는 같아야 할 거 같은데, 지금 선생님이 같은지 안 같은지를 묻고 계시니… 왠지 '안 같다'고 대답을 해야 할 거 같거든요.

E 논리적으로 추론하는 게 꼭 탐정 같구나.

M 답이 맞아요, 안 맞아요?

E 맞았단다. 두 탑의 높이는 같지 않거든.

M 탑의 높이가 정말 달라요?

E 그렇다니까. 그럼 다음 질문!
둘 중에 어느 탑의 높이가 더 높을까?

M 저는 지금 두 탑의 높이가 같지 않다는 것도 이해가 안 되거든요. 그런데 한술 더 떠서 어느 탑이 높으냐고 물으시다니. 너무하신 거 아니에요?

E 허허허~ 미안하구나. 실은 너무 어려운 질문이긴 했어.
그 질문에 답을 하려면 실제로는 불가능하지만 마치 가능한 것처럼 보이게 하는 폭포 모형을 만들어봐야 하거든.

M 어떻게요?

E (난감해하며) 이걸 어떻게 말로 설명해야 하나… 간단하게 말하자면 이렇단다.
먼저 높이가 다른 두 개의 기둥과 탑을 만든단다. 폭포 물이 쏟아지는 왼쪽의 탑은 3층 높이로 만들고, 그 기둥에 1층부터 3층까지의 앞부분을 만들어 붙이지. 오른쪽 탑은 2층 높이로 만드는데, 그 기둥에는 1층에서 3층까지의 중간 연결 부분을 만들어서 붙인단다. 그렇게 만들고 난 다음 시선을 움직이다 보면 마치 두 개의 기둥이 연결된 것처럼 보이는 순간이 생기거든.

두 개의 탑과 기둥   연결된 것처럼 보이는 순간

M 그 순간의 모습이 바로 저 폭포의 모습이라는 거군요.

E 그렇단다.

M 그럼 〈폭포〉에서 왼쪽 탑이 오른쪽 탑보다 더 높은 거네요. 왼쪽 탑은 3층으로 만들고, 오른쪽 탑은 2층으로 만들었으니까요.

E 한 층 더 높은 탑이 되는 거지.

M 에구… 상상하면서 보려니 힘드네요.

그런데 그림 속에도 저 같은 사람이 있는 거 같은데요?

E 어디에 말이냐?

M 그림 아래를 보세요. 한 남자가 폭포를 올려다보고 있잖아요.
이해를 하고 싶은데 잘 안 돼서 보고 또 보는 거 같거든요.

E 허허허~ 그림 속 대상에게 네 감정을 이입하고 있구나.
그렇다면 저 남자가 바로 네가 될 수도 있겠는데?

M 저 사람의 마음이 아마 지금의 제 마음과 같을 거예요.

E 역시 작품은 보는 사람에 따라 다양하게 느껴지고 해석되는구나.

M 그런데 탑 꼭대기에 올려놓은 저 다면체는 뭐예요?

E 내가 워낙 다면체를 좋아하잖니. 그래서 그냥 만들어본 거란다.

M 어떤 다면체인데요?

E 왼쪽의 다면체는 정육면체 세 개를 겹쳐서 만든 거고, 오른쪽은
정팔면체 세 개를 끼워서 만든 거지.

M 다면체들이 이젠 건물의 장식이 되었네요. 못 말리는 선생님의
다면체 사랑.

E 이해가 잘 안 되지?

M 아뇨. 선생님이랑 며칠 지내다 보니 이제는 이해가 되네요.
그런데 정원에서 자라는 저 해초는 또 뭔가요? 너무 생뚱맞은데

요?

E   해초 말이냐?

M   건물이 서 있는 곳은 분명 육지인데 거기서 해초가 자랄 리 없잖
　　　아요. 이것도 불가능한 도형의 일부인가요?

E   뭐~ 그런 해석도 나쁘지 않구나.

M   뜬금없이 자라는 해초 때문에 탑 뒤의 배경도 자세히 보게 되는
　　　데요? 혹시 거기에 자라고 있는 풀도 해초가 아닌가 싶어서요.

E   허허허~ 거긴 이상한 게 없을 텐데. 〈벨베데레〉에서처럼 이탈리
　　　아 남부의 풍경을 그려넣었거든.

M   스위스와 벨기에를 거쳐 고향인 네덜란드까지 오셨는데도 선생
　　　님은 여전히 이탈리아가 그리우신가 보네요. 이렇게 작품마다
　　　이탈리아 풍경을 배경에 넣으시는 걸 보면요.

E   보고만 있어도 행복한 기억들이 떠오르니까.

M   그럼 다음 작품은 뭔가요?

E   오늘은 여기까지란다.

M   진짜요?

E   그렇다니까. 오후에는 너랑 자전거를 타고 동네를 돌아볼까 하
　　　고 준비해놨거든.

M   갑자기 웬 자전거요?

E   아침 산책 할 때 자전거를 타고 가는 사람도 멋진 풍경이 된다는
　　　말이 자꾸 생각나지 뭐냐.

M   어! 그럼 그 풍경 속에 저를 넣고 싶으셨던 거예요?

E   (쑥스러워하며) 그렇게 멋지게 말할 필요는 없고.

M   와~ 선생님! 사랑합니다.

E   허허허~ 그럼 어서 점심을 먹고 동네 구경을 가보자꾸나.

M   좋아요.

　마르코는 선생님과 자전거를 타고 동네 이곳저곳을 돌아다닌다. 수분을 잔뜩 머금은 듯 촉촉한 바람을 온몸으로 가르며 달리는 기분은 더없이 상쾌하다. 예상치 못한 자전거 나들이로 한껏 들뜬 마르코는 지나가는 사람들에게 어설픈 네덜란드어로 인사도 건네본다. 그리고 천천히 자전거 페달을 구르며 네덜란드의 시골길을 누비는 순간의 느낌을 기억하려 애써본다.

수학과 예술, 그 무한한 얽힘

TICKET

Departure   Seat

Arrival

도로록~ 도로록~

선생님 작업장에서 판화를 찍어내는 소리가 들린다. 껄껄 웃으며 아침 인사를 나누는 옆집 사람들의 목소리도 간간이 들려온다. 며칠 사이이 모든 소리에 익숙해진 것이 신기하다고 생각하던 마르코는 침대에 누워 멍하니 천장을 쳐다본다.

'그런데 오늘이 여행 며칠째지?'

어슴푸레 떠오른 생각에 화들짝 놀란 마르코. 갑자기 방을 뛰쳐나가 머리카락을 부여잡고 거실을 정신없이 왔다 갔다 한다.

"안 돼! 안 돼! 이럴 수는 없어, 이럴 수는 없는 거라구!"

마르코의 비명 같은 외침을 듣고 선생님이 황급히 작업실에서 달려나온다.

E   무슨 일이냐?

M   선생님, 이럴 수는 없는 거예요.

E   뭐가 말이냐?

M   (화가 난 듯 외치며) 세상에! 오늘이 여행 마지막 날이라구요.

E   그게 왜 잘못된 거냐?

M   (발을 동동 구르며) 아니, 그게…

저는 날짜를 세지도 않고 있었단 말이에요. 그래서 시간이 이렇게 간 줄도 모르고 있었는데, 오늘이 마지막 날이라니요. 말도 안 돼요.

E   에구… 많이 아쉬운 모양이구나.

M   (거의 울 것 같은 표정으로) 이럴 줄 알았으면 잠을 덜 자는 건데.
    선생님하고 더 많은 시간을 보내면서 작품도 더 많이 보여달라고 졸랐을 텐데.

E   너무 아쉬워하지 말거라. 또 오면 되지 않니.

M   그런가요?

E   그럼. 나는 항상 여기에 있을 거니까.
    나와 내 작품이 보고 싶으면 언제든 다시 오면 된단다.

M   그러면 되겠네요. 하하하~ 갑자기 기분이 좋아졌어요.

E   녀석~ 싱겁기는.

M   그럼 어서 아침 먹고 산책 나가요.
    오늘은 다른 날보다 더 알차게 보낼 거예요.

E   그러자꾸나.

현관을 나선 마르코는 어제의 즐거웠던 자전거 라이딩이 다시금 떠오른다. '한 번 더 타면 참 좋겠지?'라는 속삭임이 마음속에서 들려왔지만 이내 고개를 저으며 생각을 떨쳐버린다. 선생님에게 듣고 싶은 이야기가 아직 남아 있기 때문이다.

— 수학자들을 놀라게 한 판화가 —

M 선생님. 저 궁금한 거 있어요.

E 물어보거라.

M 로마에 사셨을 때는 돈이 없어서 힘들었다고 하셨잖아요. 그런 데 네덜란드로 오시면서는 작품도 많이 만드시고, 수학자대회 전시회도 하셨으니까 경제적으로 여유가 좀 생기셨겠네요?

E 이탈리아에서보다는 훨씬 좋아졌지.

M 수학자들을 위해 전시를 하실 정도면 꽤 유명해지신 거 아니에 요?

E 뭐~ 그렇다고 할 수도 있겠구나.

M 언제부터 그렇게 유명해지기 시작한 거예요?

E 글쎄다. 오래전 일이라 기억이 가물가물하다만…

M 잘 떠올려보세요.

E 1951년인가 세버린(Marc Severin)이란 친구가 《스튜디오》(The Studio)라는 잡지에 내 작품에 대한 논평을 쓴 적이 있거든. 그때 그 기사가 무엇보다 기억에 남는구나.

M 뭐라고 썼길래요?

E 사물의 수학적인 면모를 가장 놀라운 방법으로 표현할 수 있는 시인이라고 묘사했었지.

M 시인으로요?

E 그래. 정말 아름다운 표현 아니니?

M 네, 엄청난 칭찬 같은데요? 기분이 좋으셨겠어요.

E 좋다마다. 나에겐 더할 수 없는 찬사로 들렸거든.

M 그런데 왜 하필 시인일까요? 그것도 수학적인 면모를 표현하는 시인?

E 이런 얘기가 어떻게 들릴지 모르겠다만 나는 가끔 판화 작업을 하면서 수학과 시가 모두 같은 뿌리에서 나온 것은 아닐까 하는 생각을 했었단다.

M 수학과 시가요? 어떤 면에서요?

E 정제된 아름다움이 있지 않니.

M 아… 수학자들과 오랫동안 교류하시더니 거의 반쯤은 수학자가 되셨군요.

E 수학자는 무슨.

M 선생님 말씀을 듣고 보니 수업 시간에 들었던 일화가 하나 떠오르네요.

E 무슨 일화 말이냐?

M 예전에 힐베르트라는 수학자가 있었대요. 그런데 어느 날 힐베르트의 제자가 수업 시간에 나타나지 않은 거예요.

E 왜 안 나타났을까?

M 그 학생이 수학을 그만두고 시인이 되기로 했대요. 그때 힐베르트가 아주 재치있는 말을 했거든요.

E 무슨 말을 했는데?

M '잘했어. 그 친구는 수학자가 될 정도의 상상력은 없었으니까'라구요.

E 허허허~ 재미있는 일화구나.

M 그러니까 선생님 말씀처럼 수학과 시는 모두 같은 뿌리에서 나온 게 맞나 봐요. 둘 다 상상력 없이는 할 수 없는 일이니까요.

E 수학자들의 상상력이 시인보다 한 수 위고?

M 그렇죠. 하하~

그래서 참! 그 《스튜디오》 잡지에 소개된 후로 유명해지신 거예요?

E 그즈음 미국의 주요 언론들이 나에 대한 기사를 실었던 거 같구나. 그때부터 바빠지기 시작했거든.

M 그러다가 1954년도에 세계수학자대회 전시회를 여신 거구요.

E 그렇지. 그 후에도 1956년에 개인전시회를 열었거든. 그런데 그게 또 미국 《타임》지에 소개되면서 더 정신없이 바빠졌어.

M 엄청 유명해지셨군요.

E 모르겠다. 하여간 그때부터 내 작품을 사겠다는 사람이 줄을 잇더구나.

M 판화를 찍어내려면 시간이 좀 걸리지 않나요?

한꺼번에 그렇게 많이 찍어 달라고 하면 어떡해요?

E 그러니까 말이다. 내가 감당할 수 없을 만큼 주문이 밀려들길래 작품의 가격을 두 배로 올렸지.

그런데도 사겠다는 사람의 수가 줄지 않더구나.

M 그래서 어떻게 하셨어요?

E 또 두 배로 올리고 또 올리고 그랬지. 그래도 아무 소용이 없었어. 작품을 사겠다는 사람은 계속해서 늘어났거든.

M 와~ 얼마나 행복하셨을까요? 유명해진 데다가 돈까지 많이 벌

게 되셨잖아요.

E 행복이라니. 그때 나는 판화를 찍어내는 기계가 된 기분이었어.

M 기계요?

E 그 와중에 인터뷰와 강연, 전시회까지 해야 해서 정말 눈코 뜰 새가 없었지. 사실 그때 나는 정말 화가 많이 났었어.

M 왜요?

E 이제 더이상 나에게 창조적인 작품 활동을 할 시간도 에너지도 남아 있지 않을 것 같았거든.

M 비밀 정원을 홀로 거니는 시간이 없어졌다는 말씀이시죠? 선생님에게는 그 시간이 외롭기도 하고 괴롭기도 하지만 또 한편 행복한 시간이기도 했으니까요.

E 그러니까 말이다.

M 그래도 사람들이 선생님 작품에 관심을 갖는 건 좋은 일 아니에요?

E 좋은 일인 건 분명한데 좀 낯설고 힘들더구나.

M 어떤 게 그렇게 힘드셨어요? 판화를 계속 찍어내야 하는 거 말고요.

E 나만의 공간을 침범당하는 것 같아서 힘들었지. 사람들이 내 비밀 정원에 침입해서는 큰소리로 따져 묻는 것 같았거든. '이렇게 큰 정원이 있었어? 저기 있는 저 아이디어는 도대체 뭐야?'라고 말이야.

M 사람들은 선생님의 작품이 궁금하고 알고 싶어서 그러는 건데… 그게 힘드셨군요.

E 나도 그런 반응과 관심이 이해되지 않는 건 아니었단다. 그런데도 그 사람들이 내 정원에 들어와 있으면 나는 정말이지 내 일을 할 수가 없거든.

M 그렇죠. 선생님은 작품을 구상하실 때 혼자 있는 시간과 공간이 다른 무엇보다 중요하다고 하셨잖아요.

E 그렇다고 사람들로부터 인정을 받는 게 기쁘지 않은 건 아니었어. 특히나 수학자나 과학자들이 내 작품을 칭찬할 때면 기쁨을 감추지 못했지.

M 맞다! 선생님의 작품을 먼저 알아본 건 예술가들이 아니라 수학자들이라고 들은 거 같아요.

E 그랬었지. 수학자라는 사람들이 그러더구나. 내 작품 속에 그 사람들이 몰두하고 있는 이론과 원칙이 있다고 말이야.

M 정작 선생님은 그게 수학인지도 모르고 계셨잖아요.

E 그러니까. 우습지 않니? 나도 모르는 사이에 수학이 내 판화 속에 들어가 있었다는 사실도 그렇고, 또 그 판화 속 수학이 수학자들의 책에 있는 이론을 설명한다는 것도 그렇고 말이야.

M 우연의 일치라고 하기엔 뭔가 설명되지 않는 부분이 많은 거 같아요. 수학자들 중에는 선생님이 정말 수학을 모르고 넣었다는 사실을 믿지 못하는 분들도 있었을 거 같은데요?

E 그럴 수도 있겠지. 그런데 말했다시피 나는 학교 다닐 때 수학을 정말 못하는 학생이었고, 그 후로도 수학을 따로 배운 적이 없었는걸?

M 배우지 않고도 수학적인 원리가 담긴 작품을 만들 수 있다는 게

믿기지 않아요.

E 수학적인 원리라는 건 교과서에만 있는 게 아니니까.

M 하긴 수학은 어디에나 있죠. 세상을 움직이는 원리가 수학이잖아요.

E 그 원리를 가장 잘 보여주는 것이 바로 자연이고.
하여간 나는 내 작품이 미술과 수학, 미술과 과학을 잇는 다리가 되었다는 게 무엇보다 기쁘고 자랑스럽더구나.

─ 수학은 어디에나 있다 ─

M 선생님께서 수학자와 과학자들과 열심히 소통한 이유를 알겠어요. 그렇게 교류하면서 부지런히 상상의 정원을 키워 작품 활동을 하셨군요.

E 그랬었지. 내가 보여준 판화 중에 〈볼록과 오목〉 기억나니?

M 가운데 조개껍데기가 있던 그 그림요?

E 그래, 그거 말이다. 그걸 왜 만들었는지 아니?

M 아니요? 그 작품을 보여주실 때 그 얘기는 안 하셨어요.

E 어느 날 과학자들이 나에게 판화를 부탁하더구나. 한쪽에서는 볼록이었다가 다른 한쪽에서는 오목이 되는 그런 판화를 만들어 달라고 말이다.

M 아~ 그런 요청이 있었군요. 그래서 또 뚝딱 만들어내셨구요?

E 뚝딱이라니! 말도 마라. 그게 그렇게 쉽게 나온 판화가 아니거든.

M 만드는 게 힘드셨어요?

E (화를 내듯이) 그럼. 거의 한 달 이상 고민했는데도 감이 잡히지 않더구나. 볼록이면서 동시에 오목인 이미지가 도대체 어떤 건지 말이야.

M 그러셨군요. 짐작도 못 했어요.
저는 선생님 같은 분은 뭐든 뚝딱 생각하고 만들어내시는 줄 알았거든요.

E 여러 가지를 시도해봤는데 어떤 것도 만족스럽지 않았어.
그럴 때는 정말이지 얼마나 짜증이 나는지…

M 그 정도로 힘드시면 그냥 선생님이 하고 싶은 작품만 만드시면 되잖아요. 그 사람들의 머리 아픈 요구는 무시하시구요.

E 문제는 그 사람들의 아이디어를 들으면 나 역시 그런 작품이 만들고 싶어진다는 거야.

M 에효… 못 말리겠네요. 하긴 선생님은 수학을 모르고서도 작품 속에 수학을 넣으신 분이니까. 아마 본능적으로 수학이나 과학을 표현하고 싶으셨을 거예요.

E 나한테 정말 그런 본능이 있었을까?

M 그럼요. 생각해보세요. 선생님은 그동안 뿌연 안개 속을 힘겹게 헤치듯이 수학적인 아름다움을 찾아 헤매셨던 거예요. 그런데 수학자나 과학자들이 그 뿌옇던 안개를 말끔히 없애준 거죠. 명쾌한 목표 지점을 보여주고 같이 가자고 하는데 어떻게 안 갈 수가 있겠어요? 신나게 같이 가셨겠죠.

E 듣고 보니 맞는 말 같구나. 그 사람들이 내게 준 아이디어는 참

으로 명쾌하고 아름다웠거든. 작품으로 표현해보고 싶을 만큼
매력적이고 말이야.

M 그렇게 또 창작의 고통은 시작되는 거죠.

E 그 고통이 때론 환희가 되니까.

M 어쨌거나 고통의 시간이 지나고 나면 이렇게 멋진 판화가 탄생
하잖아요.

E 그래서 멈출 수가 없는 거지. 학자들과의 교류는 나에게 늘 새로
운 도전을 하게 하니까. 그리고 내 작품을 발전시키는 원동력이
되니까 말이야.

M 아직도 더 발전할 게 남았나요?
지금까지 하신 것만으로도 충분히 훌륭한 거 같은데요.

E 글쎄다. 테셀레이션 판화를 시작한 후로 계속해서 해보고 싶었
던 게 하나 있거든.

M 그게 뭔데요?

E 내겐 오랜 바람이 있었어. 유한한 공간 속에 무한을 담아내는 것
말이다.

M 엥? 유한 속에 어떻게 무한을 담아요?

E 나도 그걸 모르겠더라구. 그래서 여러 가지 시도를 해봤지.

M 모르면 그냥 안 하시면 되지, 왜 또 굳이 힘들게 하려고 하셨을
까요?

E 무슨 방법이 있을 것 같았거든.

M 에효 참… 무한에는 또 어떻게 눈을 뜨셨길래 그렇게 오랫동안
집착을 하셨어요?

E 무한 말이냐? 그건 누구나 관심을 가질 수 있는 너무 자연스러
 운 주제 아닌가? 너도 매일 무한을 보고 있지 않니?

M 제가요?

E 그럼. 이를테면 밤하늘에 떠 있는 별 같은 거 말이다.
 너도 별을 바라본 적이 있을 거 아니냐.

M 당연히 있죠.

E 그 별 너머 어딘가로 가는 상상을 해봐라. 그러다 보면 정말 아
 무것도 없는 우주의 경계에 도달할 수도 있지 않겠니?

M 어렸을 때 그런 생각을 해본 적이 있었어요. 저기 우주에는 뭐가
 있을까? 거기에도 끝이 있을까? 끝이 있다면 그 끝 너머에는 또

뭐가 있을까? 하는 그런 상상이요.

E 그런 상상을 시작하면 질문이 끝도 없이 이어지잖니.

   우리가 상상할 수 있는 범위를 넘어서니까 말이야.

M 맞아요. 지금은 제가 학원에 치여서 하늘을 볼 여유가 없지만 어
   렸을 때는 놀이터에서 뛰어놀면서 그런 상상을 엄청 했던 거 같
   아요.

E 그러다 보면 과연 무한이란 게 뭘까 궁금해지지 않니?

   무한에 대한 내 관심과 상상은 그렇게 시작된 거란다.

M 그래서 방법을 찾으셨어요? 유한한 공간에 무한을 담을 수 있는
   방법이요.

E 찾았지. 그것도 수학자의 논문에서 말이다.

M 펜로즈 박사님 논문이요?

E 아니. 이번에는 콕세터(Donald Coxeter)라는 사람이란다.

M 처음 들어보는 이름인데요?

E 중요한 건 사람 이름이 아니야. 그 사람이 만든 평면 위의 무한
   공간이지.

M 아~ 무한계단처럼 무한공간이 등장했군요.

   그런데 무한한 공간을 어떻게 유한한 평면에 표현해요?

E 그건 작업실에 들어가서 직접 봐야 설명이 될 거 같구나.

M 그래야겠네요.

   어우~ 너무 많이 걸었는지 다리가 아픈데요?

E 나도 그렇구나. 들어가서 좀 쉬었다가 작업실로 가자꾸나.

M (절도 있게 경례하며) 예썰~!

마르코와 선생님은 차를 한 잔 마시면서 휴식을 취한다. 그러다 마르코의 재촉에 못 이겨 함께 작업실로 이동한다.

― 평면 위 무한공간을 위한 시도 ―

E 녀석. 가끔 보면 나보다 호기심이 더 많은 것 같구나.

M 제가 좀 그래요. 그놈에 호기심 때문에 고생하는 일도 많구요. 히히~

E 하긴 너만 한 나이에 호기심이 없으면 안 되지. 미래에 대한 고민을 하려면 지금 세상이 어떻게 돌아가는지, 나와 내 주변에는 어떤 것들이 있는지 관심을 갖고 알아봐야 하지 않겠니?

M 저도 그렇게 생각합니다.

E 그럼 내 작품을 보면서 콕세터 박사에 대한 얘기를 마저 해볼까?

M 좋아요.

E 일단 내가 맨 처음 무한을 담아내기 위해 어떤 시도를 했는지 말해줘야겠구나.

M 어떤 시도를 하셨는데요?

E 구 모양으로 둥글게 깎은 나무공 위에 테셀레이션을 조각했었지.

M 구 위에 테셀레이션을 조각해요?

E 그렇단다. 나무공 위에 물고기도 조각해보고 천사와 악마도 조각해보고 그랬지.

M 〈천사와 악마〉라는 작품을 여러 개 만드셨네요. 테셀레이션 작품으로도 본 거 같거든요.

E 내가 좋아하는 주제라서 그렇단다. 〈천사와 악마〉는 조금 이따가 보여줄 〈원형 극한〉(Circle Limit IV, 1960)의 형태로도 만들어봤었단다.

M 그런데 구 위에 조각을 하는 게 어떻게 무한이 되는 거예요?

E 생각해봐라. 하나의 모양으로 구를 가득 채우고 나서 그 구를 돌리면 어떻게 되겠니?

M 그 하나의 모양이 계속 보이겠죠?

E 그렇지. 같은 모양이 끝없이 연속해서 나타나겠지?

M 당연하죠.

E 돌리고 또 돌려도 같은 모양이 무한히 반복되니까 그게 곧 무한 아니겠니? 비록 조각된 형상의 개수는 제한되어 있지만 구라는 공간에서는 평면에서는 얻을 수 없는 무한이라는 관념을 그런 식으로 상징적으로 볼 수 있는 거란다.

M 아~ 약간 속임수 같긴 한데 설득은 되네요. 여하튼 그렇게 고민하시던 무한의 문제가 간단히 해결되었네요. 그냥 구 위에 조각을 하면 되는 거니까요.

E 그런데 내가 진짜 하고 싶었던 건 평면 위에서의 표현이란다.

M 평면 위에서 무한을 담아내고 싶으셨다구요?

E 그래.

M 그건 좀 어려워 보이는데요? 구는 무한히 돌리면서 보는 게 가능하지만 종이는 아무리 크게 해도 무한하게 커질 수 없잖아요.

〈발전 II〉(Development II, 1939)

E 그게 문제였지.

M 그래서 어떻게 하셨어요?

E 내가 했던 첫 번째 시도는 테셀레이션 요소들의 크기를 변화시키는 방법이었어. 〈발전 Ⅱ〉라는 작품을 보렴.

M 가운데 점 같았던 육각형이 점점 커지면서 도마뱀이 되네요? 도마뱀들이 바깥으로 걸어 나가면서 끝도 없이 많아지는데요?

E 정말 끝도 없이 많아진다고 할 수 있을까?

M 저렇게 커지면서 바깥으로 가다 보면 점점 더 많아지는 거 아니에요?

E 논리는 그렇지만 저 그림에는 분명한 한계가 있단다. 그림의 가장자리에 있는 도마뱀의 크기가 임의로 정해져 있기 때문이지.

M 그러니까 선생님 말씀은 저렇게 멈추면 안 된다는 거죠?

E 그렇지. 도마뱀들이 끝없이 커지면서 밖으로 나간다는 걸 눈에 보이도록 표현해야 하는데 그렇게 하질 못했어.

M 그런데 그게 어떻게 가능해요? 끝없이 커지는 도마뱀을 그림으로 보여줄 수는 없는 거잖아요. 커지다 보면 우주 전체보다 더 큰 도마뱀도 생길 텐데요.

E 그러니까 저런 방식으로는 무한을 담아내는 것이 불가능하다는 거지.

M 그래서 저 그림이 별로 만족스럽지 않으셨어요? 제가 보기엔 나름 멋진데요.

E 그다지 만족스럽진 않았단다. 그런데 저 아이디어를 반대로 적

용해보면 꽤 괜찮은 작품이 나올 거 같더구나. 크기를 점점 줄여 나가다가 무한히 작은 극한에 도달하는 거지.

M 안쪽에서 바깥쪽으로 보는 게 아니라 바깥쪽에서 안쪽으로 보면 되겠네요?

E 그래. 그런 방법을 사용하면 어떤 형상이 무한히 존재한다는 걸 논리적으로 보여줄 수 있을 것 같았거든.

M 그럼 도마뱀이 움직이는 방향이나 모습을 바꿔야겠네요?

E 지금처럼 밖으로 나가는 게 아니라 안쪽으로 향하도록 만들어야겠지.

M 그래서 또 만드셨어요?

E 한번 시작을 했으면 끝을 봐야 하지 않겠니?

M 크~~ 집념의 사나이시군요. 그래서 이번에는 어떤 걸 만드셨는데요?

E 이번에는 도마뱀들이 안쪽을 향해 가면서 크기가 점점 줄어들게끔 만들어봤지. 〈작게 더 작게〉라는 작품이란다.

M 말씀하신 그대로네요. 도마뱀들이 점점 작아지면서 안으로 가고 있어요.

이런 식이라면 가운데 부분에는 무한히 많은 도마뱀들이 있겠는데요? 논리적으로 생각할 때 말이죠. 드디어 무한을 유한한 공간에 성공적으로 담아내신 건가요?

E 부분적으로만 성공했다고 할 수 있겠구나.

M 부분적으로요? 이번엔 또 뭐가 마음에 안 드셨어요?

E 이걸 조각하다 보니 더이상 조각을 할 수 없는 순간에 이르더구나.

〈작게 더 작게〉(Smaller and Smaller, 1956)

M 가운데 있는 도마뱀은 정말 점처럼 작은데도 불구하고 머리, 다리, 꼬리의 형체가 희미하게 보이는 거 같아요. 저는 이 정도면 된 거 같은데 아닌가요? 선생님은 정말 최선을 다해 끝까지 조각하신 거잖아요.

E 최선을 다하긴 했지. 저렇게 작은 모양까지 조각해내려면 여러 가지 조건이 따라줘야 하거든.

M 어떤 조건이 필요한데요?

E 일단 목판의 품질이 좋아야 한단다. 그리고 사용하는 도구 또한 아주 예리해야 하지.

M 또 뭐가 있어요?

E 조각을 하는 사람의 인내와 노력이 필요하단다. 또, 좋은 시력과 충분한 빛도 필요하지. 마지막으로 하나 더. 12배까지 확대해서 볼 수 있는 강력한 확대 렌즈가 필요해.

M 12배 확대요? 어마어마하군요.

E 이 판화를 조각할 때 나는 정말 가능한 한 끝까지 가보리라 마음 먹었거든. 극한까지 가기 위해 아주 집요하게, 거의 광적으로 크기를 줄여나갔으니까.

M 그런데 왜 만족스럽지 못하셨어요?

E 아까 말했듯이 더 이상 조각을 할 수 없는 순간에 이르렀단다. 그리고 바깥의 가장자리도 임의로 고정한 후에 시작을 해서 그다지 완벽하다는 느낌이 들지 않았어.

M 제가 보기엔 훌륭하기만 한데 왜 자꾸 마음에 안 든다고 하실까요.

E 결국 나에게 필요한 건 논리적으로 문제없는 경계라는 생각이

들더구나.

M 논리적으로 문제없는 경계요? 그게 뭘까요?

E 나도 그게 뭘지, 어떻게 표현해야 할지 몰라 한참을 고민했었단다.

M 아~ 아까 그 콕세터 박사님이 여기서 등장하나 봐요.

E 맞아. 콕세터 박사도 1945년에 열렸던 세계수학자대회에 참가했었거든.

M 거기서 선생님 작품을 봤구요?

E 그렇지. 그 친구도 내 작품을 보고 크게 감동했다고 하더구나.

M 선생님 작품은 수학자의 눈에 유독 더 신비롭게 보이나 봐요. 마치 12배 확대경을 끼고 보는 것처럼 눈에 확 띄는 거죠. 그래서 어떻게 됐어요?

E 1957년 즈음엔가 자기 논문에 내 작품을 사용하면 안 되겠냐고 묻더구나. 허락해 달라고 말이다.

M 당연히 허락하셨겠죠?
수학자들과 같이 아이디어를 주고받는 걸 좋아하셨잖아요.

E 사용하라고 했지. 그랬더니 콕세터 박사가 내 그림이 실린 자기 논문을 다시 나에게 보내주더구나.

M 그 논문에 뭐라고 쓰여 있었어요?

E (머리를 긁적이며) 도통 무슨 말인지 모르겠더구나.
나 같은 사람은 전혀 이해할 수 없는 내용이었어. 어렵고 추상적인 내용을 복잡한 기호와 수식으로 설명해놨으니까. 하여간 수학자란 사람들은 정말로 똑똑한 거 같더구나.

M 논문을 보고 알아내신 게 겨우 그거예요? 수학자들은 똑똑하다

는 거? 설마 그걸로 끝은 아니겠죠?

E   도움 되는 게 있긴 있었지. 거기에 아주 충격적인 그림이 있었거든.

M   충격적인 그림요?

E   (콕세터 박사의 논문을 펼치며) 바로 이거였단다.

콕세터 박사의 논문에 실렸던 '원형 극한' 모형

─ 원형 극한 연작 ─

M 사각형이 아니라 원형이네요?

E 그렇지. 이 모형을 보자마자 나는 무한에 대한 새로운 접근 방법
이 가능할 거란 생각이 들었단다. 내 오랜 고민을 해결해줄 수
있는 단서가 바로 저 그림에 있었던 거지.

M 그냥 그림만 보고도 그걸 알았다구요?

E 난 수학자들의 그런 추상적인 아이디어나 설명은 필요 없었거
든. 너도 봐서 알겠지만 내가 일하는 방식은 수학자들과는 좀 다
르잖니. 나는 숙련된 목수처럼 작업을 하는 사람이니까 말이다.

M 그건 그런데… 저 그림 자체가 워낙 복잡해 보여서 말이죠.

E 하긴 저 그림이 정말 까다롭고 복잡하더구나.
저렇게 생긴 평면을 비유클리드 공간(non-Euclid space)이라고 한
다지? 아마?

M 헤고… 말만 들어도 머리가 아픈데 선생님은 저걸 가지고 작품
을 만들 계획이셨던 거잖아요. 너무 힘든 작업 아닐까요?

E 무한을 표현하기 위해 그동안 고생하던 걸 생각하면 달리 선택
의 여지가 없었단다. 나는 저 모형에 내 그림을 그려 넣기 위해
계속 매달릴 수밖에 없었지.

M 그래서 성공하셨어요?

E (그림을 펼치며) 이게 내가 1958년에 만든 첫 번째 〈원형 극한〉
작품이란다.

M 우와~ 멋지네요.

〈원형 극한 I〉(Circle Limit I, 1958)

흰색과 검정색으로 그려진 저 동물은 새일까요? 물고기일까요?

E 좋을 대로 보려무나.

M 그럼 물고기라고 생각하고 볼게요.

E 뭐가 보이냐?

M 흰 물고기랑 검은 물고기가 헤엄치는 게 보이네요. 원의 가장자리로 가면서 점점 작아지면서 많아지고 있어요. 정말 무한히 존재하는 것처럼 보이는데요?

E 〈원형 극한〉은 원 안에 갇힌 우주의 무한성을 나타낸단다. 끝없이 복제되지만 절대로 그 끝에 다다를 수 없는 형상들을 통해서 말이지.

M 크~ 원 안에 갇힌 우주의 무한성이라니. 멋진 말인데요?

E 그런데 이것도 완전히 성공적이진 못했단다.

M (한숨을 내쉬며) 또 왜요?

E 이 작품에도 마음에 안 드는 것들이 있었거든.

M 정말 적당히 만족할 줄을 모르시는군요. 이번엔 또 뭐가 마음에 안 드셨는데요?

E 물고기 모양이 너무 직선적이라 살아 있다는 느낌이 덜했어. 생명체로서의 느낌이 들려면 좀 더 곡선의 형태를 띠어야 하거든. 그리고 물고기들의 배열도 다르게 하고 싶어졌지.

M 배열이 뭐 어때서요?

E 저기서는 물고기들이 서로 마주 보고 있거나 꼬리를 맞대고 있지 않니. 그런데 색깔이 같은 물고기들은 물이 흐르듯이 한쪽 방향으로 헤엄쳐 가게 하는 게 더 좋을 거 같더구나.

M 아~ 그러니까 저 물고기들의 등줄기를 따라 선을 그려보면 그 선에 흰 물고기랑 검은 물고기가 섞여 있다는 거군요. 방향도 마주봤다가 꼬리끼리 만났다가 하면서 들쭉날쭉하구요.

E 그래. 뭔가 더 자연스럽고 통일성이 느껴지게 만들고 싶었지.

M 그럼 그걸 또 수정해서 다시 만드셨어요?

E 그랬지.

M 진짜 못 말리신다. 그럼 이번에는 또 어떤 그림일까요?

E (판화를 꺼내며) 이걸 보여주는 게 좋겠다. 맨 처음 〈원형 극한〉 판화 이후로도 몇 번의 작업을 더 하긴 했거든. 그런데 정말이지 이 작품은 내가 생각해도 훌륭한 판화 같더구나.

M 드디어 선생님이 만족하신 판화를 보는 거네요.
(박수를 치며) 너무 멋진데요? 심지어 이 판화는 컬러예요.

E 저렇게 컬러로 만들려면 몇 번을 찍어내야 하는지 아니?

〈원형 극한 III〉(Circle Limit III, 1959)

M 한 번에 찍어낸 게 아니에요?

E 한 번에 되면 너무 좋겠지. 그런데 저렇게 네 가지 색으로 된 판화를 찍어내려면 처음 만들 때부터 다섯 개의 판으로 나눠서 제작해야 한단다.

M 판을 다섯 개나 만든다구요?

E 색깔별로 따로따로 만들어야 하거든. 하나는 검은색을 위한 판이고, 나머지 네 개는 각각의 물고기 색깔을 위한 판이란다.

M 처음 판을 만드는 것부터 만만치 않은데요?

E 찍어내는 일은 또 어떻고. 각각의 목판은 중심각이 90도인 부채꼴 모양으로 만들어지거든. 그걸 따로따로 색칠해서 저렇게 원 모양이 되게 찍어낸다고 생각해봐라. 총 몇 번의 과정을 거쳐야 할 거 같으냐?

M 한 개의 판을 네 번 찍어야 하나의 원이 되는데, 그걸 색깔별로 다섯 번 해야 하니까 4 곱하기 5는 20.

혁… 스무 번을 찍어요?

E 그렇단다.

M 와… 장난이 아니네요. 찍을 때도 판의 위치를 정확하게 잘 잡아야 완성할 수 있는 거잖아요. 한 번이라도 삐딱하게 찍히면 전체 그림이 망가지는 거니까요.

E 그것도 그렇지.

M 선생님!

(꾸뻑 절을 하며) 진심으로 존경합니다.

E 허허허~ 녀석. 저 판화를 잘 보거라.

그럼 아까 내가 마음에 안 들었다고 한 부분들이 개선된 걸 볼
수 있을 거다.

M 아까는 물고기들이 너무 직선적이라 싫다고 하셨는데, 이번에
는 부드러운 곡선으로 물고기들을 만드셨네요. 확실히 귀엽고
살아 있는 느낌이 들어요.

E 배열도 보려무나.

M 물고기 등줄기를 따라 나 있는 흰색 띠를 보면 되는 거죠?

E 그래. 그 흰색 곡선들이 저 원형 공간에서는 직선이라고 하더구나.

M 곡선처럼 보이는데 저게 직선이라구요?

E 우리가 사는 지구 위에서도 두 지점을 이으면 곡선이 되지 않니.
마찬가지로 구라는 공간에서는 두 점을 잇는 최단 곡선을 직선
이라고 부른다는구나.

M 그러니까 공간이 어디냐에 따라 직선의 뜻은 달라질 수 있군요.
하긴 원래 직선이라는 건 가장 짧은 거리를 의미하니까 구에서

는 둥그런 표면을 따라 그린 선이 직선이 되겠네요.

E 잘은 모르겠다만 그렇게 설명을 들은 거 같구나. 우리가 생각하는 평평한 공간하고는 또 다른 성질이 있다던데 어려워서 더는 기억도 안 나는구나.

M 대충 이해가 됐어요. 그리고 말씀하신 대로 물고기들이 정말 한 방향으로 흘러가는 것도 보이네요.

E 그렇지?

M 네. 노란색 물고기는 노란색 물고기끼리만 한 방향으로 흘러가고 있잖아요. 다른 색깔 물고기들도 마찬가지로 한 방향으로만 헤엄쳐 가구요.

E 다시 봐도 정말 마음에 드는구나.

M 그럼 이제 만족스러운 작품이 나왔으니까 무한을 담는 시도는 끝난 건가요?

E 끝나기는. 또 다른 시도를 해봐야지.

M 또요?

E 그럼. 〈원형 극한〉 작품의 번호를 보면 알겠지만 〈원형 극한Ⅰ〉과 〈원형 극한Ⅲ〉 사이에 두 번째 작품인 〈원형 극한Ⅱ〉가 있었거든. 그리고 〈원형 극한Ⅳ〉라는 작품도 '천사와 악마'라는 주제로 만들어봤었지.

M 〈원형 극한〉은 네 개의 작품이 있는 거군요.

E 그렇단다. 콕세터 박사 덕분에 가능한 일이었어. 고마운 마음에 내 작품들을 보내줬었는데 수학자들도 포기한 아주 작은 부분까지 정확하게 그렸다며 칭찬을 해주더구나.

M 수학자들도 선생님 작품을 인정했군요.

E 그러니까 말이다. 생각해보니 참 재미있더구나.

M 뭐가요?

E 수학자들은 미지의 영역으로 갈 수 있는 문을 참 열심히 열어놓거든. 그런데 정작 그 문을 열고 밖으로 나가서 풍경을 보려는 사람은 없어. 그 문밖으로 한 발짝만 내디디면 정말 멋진 풍경이 펼쳐질 텐데 말이야.

M 수학자들은 문밖에 펼쳐지는 풍경에는 관심이 없는 모양이죠?

E 아무래도 그런 모양이야.
그 사람들은 문을 여는 방식에만 흥미를 느끼는 거 같거든.

M 선생님은 풍경에 관심이 더 많으시구요?

E 허허허~ 그렇지.

M 그런데 선생님. 만약에… 정말 만약에요.

E 만약에 뭐?

M 수학자들과의 협업이 없었다면 어땠을까요?
혹시 무한을 담은 판화들이 탄생하지 못했을 수도 있지 않았을까요?

E 글쎄다. 수학자들과 협업하지 않았다면 일단 시간이 훨씬 오래 걸렸겠지. 그렇지만 어떤 식으로든 나오긴 했을 거 같구나. 물론 지금과는 다른 형태가 되었을지도 모르지.

M 하긴 무한에 대한 고민과 상상은 수학자들을 만나기 훨씬 전부터 시작되었으니까요.

E 수학자들의 아이디어나 피드백이 내게 큰 도움이 되었던 건 사

실이란다.

M 그럼 이제 무한을 담은 판화 연구는 끝난 건가요?

E 그럴 리가 있겠니? 〈정사각형 극한〉(Square Limit, 1964)을 다시 시도해봤지.

M 〈원형 극한〉의 원리를 정사각형에 적용하신 거예요?

E 그렇단다. 정사각형의 중심에 커다란 물고기 네 마리를 4중 회전으로 배치한 다음 바깥으로 갈수록 작아지면서 많아지도록 만든 거지.

M 아까 봤던 〈작게 더 작게〉의 아이디어를 거꾸로 적용해 발전시킨 작품이 나왔겠는데요?

E 그렇지.

M 이번엔 마음에 드셨어요?

E 나는 꽤 만족스러웠단다. 그래서 이번에도 콕세터 박사에게 보내줘봤지.

M 좋아하시던가요?

E 멋지긴 한데 유클리드적이라서 크게 흥미롭지 않다고 하더구나.

M 유클리드적이라구요?

E 〈원형 극한〉에 사용된 모형이 비유클리드 공간을 설명한다고 했잖니. 그런데 정사각형으로는 그런 비유클리드적인 공간을 표현할 수가 없나 보더구나.

M 뭔지 잘 모르겠지만 무한을 설명하기에는 한계가 있다는 말로 들리네요.

E 나도 대충 그렇게 이해했단다. 하긴 내 눈에도 정사각형 극한보

다는 〈원형 극한Ⅲ〉이 훨씬 지적이고 아름다워 보이긴 했으니까.

M 작품을 보는 안목도 거의 수학자처럼 변하셨는데요?

E 그런가?

M 그럼 오늘 작품은 여기까지인가요?

E 마지막으로 하나 더 보여주마.

M 뭘까요?

― 아름다운 얽힘 ―

E 내 마지막 판화란다. 71살 때 만든 거니까 1969년도 작품이 되겠구나.

M 마지막 판화라니… 뭔가 엄숙해지네요.

그리고 그 연세에도 지치지 않고 작품 활동을 하셨다는 게 존경스러워요.

E 그럼 준비되었니?

M (심호흡을 한번 하고) 네. 준비됐습니다.

E (작품을 펼치며) 제목이 〈뱀〉이란다.

세 마리의 뱀이 서로 얽혀 있는 모습이지.

M 뱀을 표현하셨는데 징그럽다기보다는 아름답다는 생각이 드네요. 세상에 이렇게 정교하게 판화를 만드시다니. 마지막 작품으로 보이지 않는데요?

E 그러냐?

〈뱀〉(Snakes, 1969)

M 혈기 왕성한 나이에 만드셨다고 해도 믿을 거 같아요.

그런데 이 작품은 그 전 작품들보다 한 단계 더 발전한 거 같은데요?

E 어떤 부분이 말이냐?

M (원의 가장자리와 중심을 가리키며) 여기 보세요.

고리처럼 얽혀 있는 사슬들이 이렇게 두 부분에서 무한히 작아지잖아요. 중심에서 한 번, 가장자리에서 또 한 번.

E 그걸 봤다니 대단하구나.

M 정말 놀랍네요. 어떻게 이렇게 동시에 두 방향으로 무한히 사라지는 아이디어를 생각해내셨을까요? 뱀과 사슬이라는 소재를 이용해서 말이죠.

E 글쎄다. 그냥 나에게 남은 에너지와 아이디어를 모두 이 마지막 작품 속에 쏟아부었다고만 해두자.

M 정말이지 어떤 말도 필요 없는 거 같아요.

E 이 작품을 구상할 때 나는 알았단다. 이제 다시는 심각한 작업을 할 수 없을 거라는 걸 말이다.

M 너무 슬프네요. 그토록 아끼고 사랑하신 판화 작품을 더이상 만들 수 없다는 생각을 하셨다는 게요.

E 그래서 할 수 있는 모든 순간을 이 마지막 작업을 위해 집중했단다. 나에게 남은 힘을 모아서 말이다.

M 다른 작품들보다 더 아름답게 느껴지는 이유가 있었네요.

E 그렇니?

M 그럼요.

E 그렇게 봐주니 고맙고 다행이구나.

마지막 작품이 예전 작품만 못 하다는 평가를 들으면 안 되지 않겠니?

M 아휴 참. 별걱정을 다 하시네요.

E 이제 그만 작품에 대한 수업을 끝내도록 할까?

더이상 보여줄 판화가 없구나.

M 아… 너무 아쉽네요.

E 아쉬워도 할 수 없단다. 내일 집으로 가려면 짐도 싸야 하잖니.

M 짐은 금방 싸니까 걱정하지 마세요.

그럼 어제처럼 자전거 라이딩 한번 어떠세요?

E 나야 좋지.

M 진짜요? 그럼 얼른 밥 먹고 나가요.

솜씨는 없지만 식사는 제가 준비하겠습니다.

E 허허허~ 그래 주겠니?

M 당연하죠.

마르코는 선생님과의 늦은 점심 식사를 최선을 다해 준비한다. 소박한 밥상인데도 한껏 만족하고 행복해하시는 에셔 선생님. 그 모습을 보며 마르코는 괜스레 마음이 짠해진다. 화려한 성공 뒤에 가려져 보이지 않던 선생님의 오랜 외로움을 알게 되었기 때문일까? 자신의 예술 세계에 대한 의구심도, 평생 벗어날 수 없었던 깊은 외로움의 터널도, 가족에 대한 미안함도 오늘만큼은 모두 잊고 행복하셨으면 하고 마르코는 간절히 바란다.

네덜란드/암스테르담 스키폴 공항(AMS) ✈ 서울/인천 공항(ICN)

비행시간을 맞추기 위해 알람을 맞추고 새벽에 일어났다. 이른 아침을 먹고 선생님을 따라 수도인 암스테르담까지 가는 길. 마르코의 발걸음은 한없이 무겁기만 하다. 떠나보내는 선생님의 마음도 좋지 않은지 별말씀이 없으시다. 티켓을 받고 출국 게이트로 가려던 그때, 선생님이 잠깐만 기다리라고 하신다.

'조금 더 앞으로 가서 인사를 하시지… 설마 지금 집으로 돌아가시려는 건가?'

벌써부터 서운한 마음이 들려는 찰나. 선생님이 가방에서 뭔가를 꺼내신다.

E 너에게 주려고 다시 찍은 거란다.

M (그림을 넣은 둥근 통을 받아들며) 이게 뭔데요?

E 내가 줄 수 있는 게 판화 말고 더 있겠니? 그림은 집에 가서 펼쳐

보려무나.

M 아… 그럼 제가 자면서 들었던 게 이 판화 찍는 소리였던 거예요?

E 그 소리가 들리더냐? 빨리 만들려고 했는데 내 손이 예전 같지 않아서 시간이 좀 걸리더구나.

M 아… 선생님.

마르코는 왈칵 눈물을 쏟고야 만다. 선생님 집에 머무는 동안에도 아버지처럼 살뜰하게 챙겨주셨는데, 마지막까지 이렇게 마음을 써주시다니. 마르코는 고맙고 안타까운 마음에 선생님을 꼭 안고 흐느껴 운다.

E 네가 가면 한동안 서운할 거 같구나. 너랑 지내면서 가끔 장남인 조지, 둘째인 아서, 그리고 막내인 얀이 살아온 것 같아 행복했거든.

M 저도 너무 서운할 거 같아요. 정말 아버지처럼 잘해주셨잖아요.

E 내가 작품 활동을 한다는 핑계로 내 아들들에게 못 해준 게 많거든. 그래서 너에게라도 잘해주고 싶었단다.
다음에 또 오거라. 그때는 잃어버린 판화도 모두 찍어서 다 보여줄 테니 말이다.

M 알았어요. 꼭 다시 올게요.

E 늦겠구나. 어서 들어가거라.

M 네. 선생님도 다시 볼 때까지 잘 계셔야 해요.

E 내 걱정은 말고 어서 가거라.

마르코는 걷다가 돌아보기를 반복한다. 선생님은 마르코가 보이지 않을 때까지 계속해서 손을 흔들고 계신다.

에서 선생님을 홀로 두고 집으로 돌아가는 길. 마르코는 비행기 좌석에 앉자마자 선생님이 주신 판화를 펼쳐 본다. 거기엔 희미한 삼각형에서 태어난, 이름 모를 새들이 제각기 모습을 갖추고 자신의 존재를 한껏 뽐내려는 듯 힘차게 날아오르고 있었다. 그러다가 어느 순간 완전한 해방을 이룬 것처럼 사라지고 마는 새들.

마르코는 '내 묘비에 있는 그림이란다'라고 적힌 쪽지를 멍하니 바라본다. 삶과 죽음에 대한 깊은 통찰, 그리고 작품에 대한 고민과 열정이 오롯이 담긴 이 그림. 마르코는 작품 속 새들을 바라보며 선생님을 위해 간절히 기도해본다. 부디 어디에 계시든 불가능한 세상을 자유롭게 그리며 지내시기를…

〈해방〉(Liberation, 1955)

· 부록 ·

에셔와
놀아보기

후두둑~!

집에 도착해 짐을 정리하던 마르코는 바닥으로 쏟아진 몇 장의 종이를 집어 든다. 가만히 앉아 내용을 읽어보니 아무래도 선생님이 챙겨서 보내신 숙제 같다. 선물을 담은 그림통 속에 숙제까지 함께 넣어서 보내시다니… 갑자기 피식 웃음이 난다.

'집에 가서도 함께했던 시간을 잊지 말라는 의미겠지?'

마르코는 기쁜 마음으로 숙제를 받아든다. 그리고 잊어버리기 전에 선생님과의 약속을 지키기로 한다.

1. 도마뱀 테셀레이션

(1) 전체 그림에 나타나는 매핑 방법들을 모두 찾아서 체크해보자.

    ☐ 평행이동   ☐ 거울반사   ☐ 미끄럼반사

    ☐ 180도 회전이동   ☐ 120도 회전이동   ☐ 90도 회전이동

(2) 한 마리의 도마뱀을 만들기 위해서는 정사각형의 네 변 a, b, c, d를 어떻게 짝지어 오려 붙여야 하는지 설명해보자.

2. 새 테셀레이션

(1) 전체 그림에 나타나는 매핑 방법들을 모두 찾아서 체크해보자.

　□ 평행이동　　　　　□ 거울반사　　　　　□ 미끄럼반사

　□ 180도 회전이동　　□ 60도 회전이동　　□ 30도 회전이동

(2) 새 한 마리를 만들기 위해서는 어떤 다각형을 변형시켜야 하는 걸까?

　□ 정삼각형　　　□ 정사각형　　　□ 정육각형

(3) 그림 위에 (2)의 다각형을 그리고, 새 한 마리를 만들기 위한 각 변의
　변형 방법을 설명해보자.

에셔의 〈별〉 판화에 나오는 다면체들 중 ①~⑬을 다음과 같은 기준으로 구분해보자.

(1) 정다면체를 찾아 번호별로 이름을 적어보자.

(2) 중앙에 도마뱀이 사는 별과 같은 구조를 가진 다면체는?

(3) 정사면체 2개를 결합해 만든 다면체는?

(4) 정육면체 2개를 결합해 만든 다면체는?

4. 정육면체 착시

에셔의 판화 〈볼록과 오목〉 오른쪽 위를 보면 판화 전체의 비밀을 설명
해주는 정육면체 착시 그림이 깃발 안에 그려져 있다. 아래 정육면체 착
시 그림에는 서로 다른 정육면체가 몇 개 있는지 찾아보자.

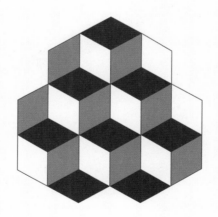

5. 펜로즈 삼각형

펜로즈 삼각형은 각각의 단면이 사각형인 입체처럼 보이지만, 현실에서는 만들 수 없고 2차원 그림으로만 가능한 도형이다. 아래 참고자료를 보면서 모눈종이에 따라 그려보고 각기 다른 세 가지 색을 이용해 색칠도 해보자.

참고자료

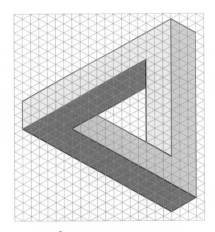

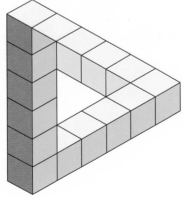

스스로 체크하기

1. 도마뱀 테셀레이션

(1) ☑ 평행이동   ☑ 180도 회전이동   ☑ 90도 회전이동

(2) 변 a는 변 d와 짝지어 머리와 오른쪽 앞발을 만들고, 변 b는 변 c와 짝지어 나머지 3개의 발과 꼬리를 만든다. 오리고 붙이는 과정에서 90도 회전이 일어난다.

2. 새 테셀레이션

(1) ☑ 평행이동   ☑ 180도 회전이동   ☑ 60도 회전이동

   ☑ 30도 회전이동

(2) ☑ 정삼각형

(3) 60도 회전축 2개와 30도 회전축 하나를 이어 정삼각형을 그린다. 정삼각형의 세 변을 각각 a, b, c라고 하자. 그러면 변 a와 변 b를 짝지어 오려 붙임으로써 새의 머리와 왼쪽 날개, 꼬리를 만들 수 있다. 이때 60도 회전이 생긴다. 또한, 변 c의 중점을 중심으로 한쪽을 오려 다른 한쪽에 180도 회전해 붙이면 새의 오른쪽 날개를 만들 수 있다.

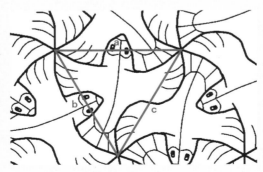

3. 별다면체

(1) ⑬ 정사면체, ③ 정육면체, ⑥ 정팔면체, ⑪ 정십이면체,

   ② 정이십면체

(2) ⑫

(3) ④와 ⑦

(4) ⑨와 ⑩

4. 정육면체 착시

진한 갈색 면을 윗면으로 갖는 정육면체는 6개이고, 아랫면으로 갖는
정육면체는 7개이므로 총 13개의 정육면체가 있다.

5. 펜로즈 삼각형

(정답 예시)

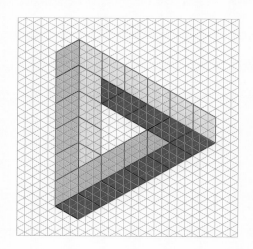

에셔 스타일 테셀레이션 만들기

1. 테셀레이션(tessellation)이란?

한 가지 이상의 도형을 이용하여 빈틈이나 포개짐 없이 평면이나 공간을 가득 채우는 것을 말한다. 평면 테셀레이션이 가능한 정다각형으로는 정삼각형과 정사각형, 정육각형이 있는데, 이 중 한 가지 정다각형만을 이용하여 평면을 채우는 것을 정규 테셀레이션이라고 한다.

생활 속 테셀레이션

2. 에셔 스타일 테셀레이션 만들기

에셔의 테셀레이션 작품에서처럼 새, 나비, 도마뱀, 물고기 등과 같은 모양을 만들고 이를 반복하여 평면을 채우는 몇 가지 방법에 대해 알아보자. 이외에도 다양한 방법을 활용해 무궁무진한 형태의 테셀레이션을 만들어낼 수 있다.[*]

---

[*] 더 많은 테셀레이션 변형 방식이 궁금한 독자는 『수학 IN 디자인』(신현용 · 문태선 외 지음, 교우사)을 참고하라.

가. 정사각형의 변형

1) 평행이동을 이용한 변형

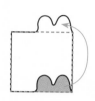

① 정사각형을 그린다. 한 변을 기준으로 선을 변형해 자유롭게 그린다. 그다음 조각을 오려 마주 보는 변으로 밀어서 붙인다.

② 나머지 한 변도 오린 다음 마주 보는 변으로 밀어서 붙인다.

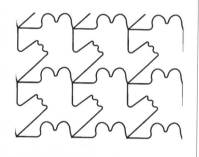

③ ②에서 완성된 조각으로 평면 테셀레이션을 한다.

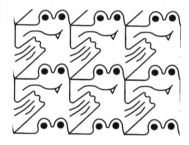

④ 조각마다 그림을 그리고 색칠을 한다.

2) 회전이동을 이용한 변형

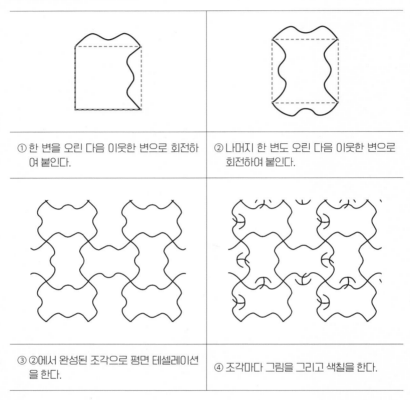

① 한 변을 오린 다음 이웃한 변으로 회전하여 붙인다.	② 나머지 한 변도 오린 다음 이웃한 변으로 회전하여 붙인다.
③ ②에서 완성된 조각으로 평면 테셀레이션을 한다.	④ 조각마다 그림을 그리고 색칠을 한다.

3) 미끄럼반사를 이용한 변형

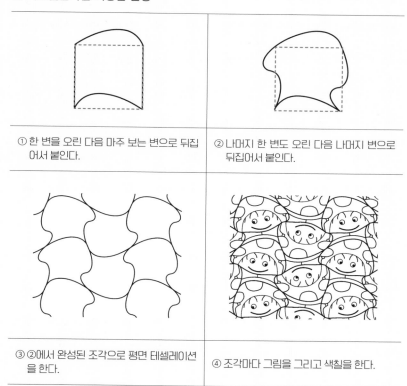

① 한 변을 오린 다음 마주 보는 변으로 뒤집어서 붙인다.

② 나머지 한 변도 오린 다음 나머지 변으로 뒤집어서 붙인다.

③ ②에서 완성된 조각으로 평면 테셀레이션을 한다.

④ 조각마다 그림을 그리고 색칠을 한다.

나. 정삼각형의 변형

1) 60도와 180도 회전을 이용한 변형

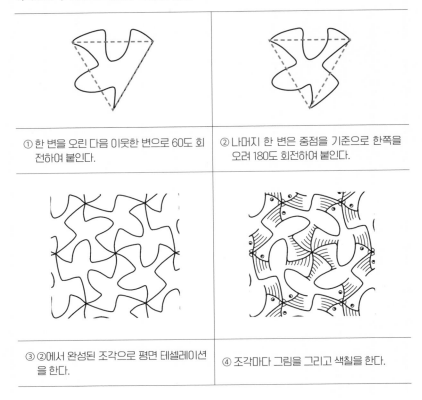

① 한 변을 오린 다음 이웃한 변으로 60도 회전하여 붙인다.	② 나머지 한 변은 중점을 기준으로 한쪽을 오려 180도 회전하여 붙인다.
③ ②에서 완성된 조각으로 평면 테셀레이션을 한다.	④ 조각마다 그림을 그리고 색칠을 한다.

다. 정육각형의 변형

1) 120도 회전을 이용한 변형

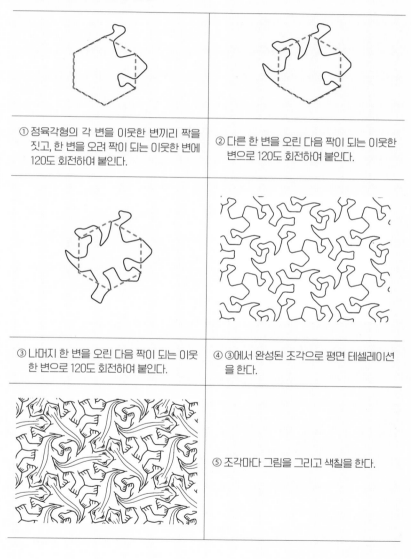

① 정육각형의 각 변을 이웃한 변끼리 짝을 짓고, 한 변을 오려 짝이 되는 이웃한 변에 120도 회전하여 붙인다.	② 다른 한 변을 오린 다음 짝이 되는 이웃한 변으로 120도 회전하여 붙인다.
③ 나머지 한 변을 오린 다음 짝이 되는 이웃한 변으로 120도 회전하여 붙인다.	④ ③에서 완성된 조각으로 평면 테셀레이션을 한다.
	⑤ 조각마다 그림을 그리고 색칠을 한다.

· 에셔가 걸어온 길 ·

1898	6월 17일 네덜란드의 레이우아르던(Leeuwarden)에서 태어났다.
1903	가족이 아른험(Arnhem)으로 이사한다.
1912~1918	아른험에서 중등학교를 다니며 첫 번째 판화 작품을 제작한다.
1919~1922	하를럼(Haarlem) 건축 장식미술대학에 다니면서 메스퀴타(Jessurun de Mesquita) 교수를 만나 목판화를 배운다.
1921	프랑스의 리비에라(Riviera)와 이탈리아를 여행한다.
	11월에 에셔의 목판화가 실린 『부활의 꽃』(Flor de Pascua)을 출간한다.
1922	4월에 북부 이탈리아를, 9월에 스페인을 여행한다.
	이때 알람브라(Alhambra)를 처음 방문한다.
	7월에 첫 번째 이탈리아 풍경 목판화를 제작하고, 11월에 시에나(Siena)로 이주해 살기 시작한다.
1923	3월부터 6월까지 라벨로(Ravello)에서 지낸다. 스위스 여행 중에 예타 위미커(Jetta Umiker)를 만난다.
	6월에 시에나로 돌아온 후 8월에 처음으로 개인전을 연다.
	11월에 로마로 이사한다.
1924	2월에 네덜란드에서의 첫 번째 개인전을 연다.
	6월 12일 예타와 결혼한 후 로마에 집을 마련한다.
1926	5월에 로마에서 전시회를 연다.
	7월 23일 아들 조지 에셔(George Escher)가 태어난다.
1927~1935	매년 봄 이탈리아로 도보 여행을 떠난다.
1928	12월 8일 둘째 아들 아서 에셔(Arthur Escher)가 태어난다.
1929	졸업 후 7년 만에 석판화 기법(Lithography)을 실험한다.
1932	목판화 작업을 한 『14엠블라마타』(XXIV Emblemata)를 여름에 출간한다.
1933	목판화 작업을 한 『스콜라 철학자의 무시무시한 여행』(De vreeselijke avonturen van Scholastica)을 가을에 출간한다.
1934	석판화 〈논자, 코르시카〉(Nonza, Corsica)로 시카고 전시회에서 3개의

상을 받는다.

12월에 로마의 네덜란드 역사 협회에서 전시회를 개최한다.

1935	7월에 스위스로 이사한다.
1936	이탈리아와 프랑스 해변을 따라 스페인까지 여행을 한다.
	알람브라에 두 번째로 방문하며, 코르도바(Cordoba) 모스크도 방문한다.
	이때부터 자신의 내면에 있는 환상을 그리기 시작한다.
1937	가족이 브뤼셀로 이사한다.
1938	3월 6일 셋째 아들 얀 에셔(Jan Escher)가 태어난다.
1939	6월 14일 아버지가 사망한다.
1940	5월 10일 독일군의 네덜란드 침략이 일어나고, 5월 27일 어머니가 사망한다.
1941	2월에 네덜란드의 바른(Baarn)으로 이사한다.
1951	《스튜디오》(The Studio) 2월호, 《타임》(Time) 4월호, 《라이프》(Life) 5월호에 기사가 실리면서 국제적인 인기를 얻는다.
1954~1961	매년 이탈리아로 여행을 떠난다.
1954	9월에 암스테르담 시립 미술관에서 세계수학자대회를 위한 전시회를 개최한다.
	10월과 11월에는 워싱턴의 화이트 갤러리에서 전시회를 연다.
	이후 미국 내에서 에셔의 판화 작품에 대한 수요가 크게 늘어난다.
1955	2월에 바른에 있는 새집으로 거처를 옮긴다.
	4월에는 네덜란드의 정부로부터 훈장을 받는다.
1958	『평면의 규칙적 분할』(The Regular Division of the Plane)을 출간한다.
1959	11월에 『M. C. 에셔의 그래픽 작품』(The Graphic Work of M. C. Escher)을 출간한다.
1960	8월에 개최된 국제결정학자 회의에서 전시와 강연을 한다.
	8월부터 10월까지 캐나다 여행을 한다.
	10월에는 보스턴에 있는 메사추세츠 공과 대학에서 강연을 한다.
1962	4월에 위급한 수술을 받고 입원 치료를 한다. 오랜 시간이 걸려 회복된다.
1965	3월 힐베르쉼(Hilversum) 시로부터 문화상을 수상한다.
	8월 『M. C. 에셔의 드로잉에 나타난 대칭적 측면』(Symmetry Aspects of M. C. Escher's Periodic Drawings)을 출간한다.

《예술의 정원》(Jardin des Arts)에서 10월 특집으로 에셔를 다룬다.

1967 네덜란드 정부로부터 두 번째 훈장을 받는다.

1968 워싱턴과 헤이그에서 전시회를 연다.

에셔 재단이 설립된다.

7월 마지막 판화 작업을 한다.

예타가 떠나고 그의 곁에 가정부만 남는다.

1970 8월 네덜란드 라런(Laren)으로 이사한다.

1971 12월 『M. C. 에셔의 세계』(The World of M. C. Escher)를 출간한다.

1972 3월 27일 힐베르쉼의 병원에서 사망한다.

에셔는 현재 바른의 한 공원묘지에 잠들어 있다.

· 참고 자료 ·

도서 및 저널

· M. C. 에셔 외 지음, 김유경 옮김, 『M. C. 에셔, 무한의 공간』, 다빈치, 2004.

· 린 갬웰 지음, 김수환 옮김, 『수학과 예술』, 쌤앤파커스, 2019.

· 마커스 드 사토이 지음, 안지민 옮김, 『대칭: 자연의 패턴 속으로 떠나는 여행』, 승산, 2011.

· 신현용 · 유익승 · 문태선 · 신기철 · 신실라 지음, 『수학 IN 디자인』, 교우사, 2015.

· ㈜와이제이커뮤니케이션, 『20세기 최고의 아티스트 에셔 전』, 2019.

· 폴 호프만 지음, 신현용 옮김, 『우리 수학자 모두는 약간 미친 겁니다』, 승산, 2006.

· Bruno Ernst 지음, 『The Magic Mirror of M. C. Escher』, Tarquin Publications, 1985.

· TASCHEN, 『M. C. Escher, The Graphic Work』, 2008.

· Doris Schattschneider, 「The Mathematical Side of M. C. Escher」, NOTICES OF THE AMS (Vol 57), 2010. Jun-July.

사이트

· Escher Artwork Gallery (https://mathstat.slu.edu/escher/)

· How Did Escher Do It? (http://www.ams.org/publicoutreach)

· M. C. Eshcer: Paths to Perception (https://www.artistsmarket.com/)

· Regular Division of the Plane Drawings (https://mathstat.slu.edu/escher/)

· Selected Works by M. C. Escher (https://mcescher.com/gallery/)

· The Polyhedra of M. C. Escher (https://www.georgehart.com/)

· WIKIART-Visual Art Encyclopedia (https://www.wikiart.org/)

· Wikipedia 'M. C. Escher' (https://en.wikipedia.org/wiki/M.C.Escher)

동영상 자료

· M. C. Escher Documentary (by CINEMEDIA-NPS-RNTV), 1999.

· M. C. Escher, Images of Mathematics, 2009.

· M. C. Escher in his studio (https://mcescher.com/about/video)

· The Art of the Impossible: M. C. Escher and me-Secret Knowledge, 2015.

· The House of Four Winds (https://mcescher.com/about/video)

· Waterfall optical illusion Revealed - 3D explanation, 2012.

· How to make a lithographic print, 2020.

· Mezzotint Printmaking tool demonstration and guide, 2014.

· Stone Lithography, 2015.

· The Art of the Mezzotint, 2019.

· Woodcut Process, 2014.

· Wood Engraving from Sketch to Print, 2017.

· 사진 출처 ·

수학이 보이는
에셔의 판화 여행

1판 1쇄 펴냄 2022년 8월 25일
1판 2쇄 펴냄 2023년 5월 25일

지은이 문태선

주간 김현숙 | **편집** 김주희, 이나연
디자인 이현정, 전미혜
영업·제작 백국현 | **관리** 오유나

펴낸곳 궁리출판 | **펴낸이** 이갑수

등록 1999년 3월 29일 제300-2004-162호
주소 10881 경기도 파주시 회동길 325-12
전화 031-955-9818 | **팩스** 031-955-9848
홈페이지 www.kungree.com
전자우편 kungree@kungree.com
페이스북 /kungreepress | **트위터** @kungreepress
인스타그램 /kungree_press

ⓒ 문태선, 2022.

ISBN 978-89-5820-780-1 03410

책값은 뒤표지에 있습니다.
파본은 구입하신 서점에서 바꾸어 드립니다.